诗说 二十四节气

菩提子 著

中國華僑出版社

图书在版编目（CIP）数据

诗说二十四节气 / 菩提子著 .—北京：中国华侨出版社，2017.10

ISBN 978-7-5113-7038-9

Ⅰ. ①诗… Ⅱ. ①菩… Ⅲ. ①二十四节气–通俗读物
Ⅳ. ① P462-49

中国版本图书馆 CIP 数据核字（2017）第 218994 号

诗说二十四节气

著　　者 / 菩提子
责任编辑 / 晓　棠
责任校对 / 高晓华
经　　销 / 新华书店
开　　本 / 670 毫米 ×960 毫米　1/16　印张 / 18　字数 /234 千字
印　　刷 / 三河市华润印刷有限公司
版　　次 / 2017 年 10 月第 1 版　2017 年 10 月第 1 次印刷
书　　号 / ISBN 978-7-5113-7038-9
定　　价 / 37.00 元

中国华侨出版社　北京市朝阳区静安里 26 号通成达大厦 3 层　邮编：100028
法律顾问：陈鹰律师事务所
编辑部：（010）64443056　　64443979
发行部：（010）64443051　　传真：（010）64439708
网　址：www.oveaschin.com
E-mail：oveaschin@sina.com

序言

二十四节气起源于黄河流域，是我国古代劳动人民在长期的生活实践中摸索出来的自然变化规律，用以指导农业生产。

远在春秋时期，人们就能根据太阳位置的变化以及日影的长短将一年进行两等分，确定了冬至和夏至的时间；到了战国时期，又做了进一步细化，分为了立春、春分、立夏、夏至、立秋、秋分、立冬、冬至八个节气；在西汉淮南王刘安所著的《淮南子·天文训》中，便精确到了二十四个节气。

公元前104年，汉武帝下令编写《太初历》，将其收入历法，二十四节气成为了农历的一部分——农历是我国古代传统历法之一，是一种“阴阳合历”，它兼顾了阴历的月相变化周期以及阳历地球绕太阳公转的运动周期特点。

二十四节气基本可以对应一年十二个月，每月对应两个节气——前一个是节，后一个是气，简称为二十四节气。

可见，我们的先祖是多么的勤劳智慧、多么的善于思考啊！

先秦时期，有一本古籍《逸周书》，在第五十二篇“时训”中，做了更加详细的划分：一年二十四节气七十二候，其中以五日为一候，三候为一气，六气为一时，四时为一岁。

而每一候都有一个物候现象相应，叫作候应。

比如，立春初候东风解冻，二候蛰虫始振，三候鱼陟负冰……大寒初候鸡乳育，二候征鸟厉疾，三候水泽腹坚——一年七十二候自然界中动物、植物以及非生物的循序变化，基本可以反映一年的气候变化情况。

本书分为四章二十四节，对应四时二十四节气，每节分为两个部分：候应与习俗。为了较好地体现二十四节气的古典韵味，特别选取了与每个节气相关的古诗词，间以相关典故拉杂成文，希望大家喜欢。

目录

Contents

第一章／春日载阳，有鸣仓庚

第一节　立春

1. 立春正月春气动，东风能解凝寒冻——候应

立春正月春气动，东风能解凝寒冻；
土底蛰虫始振摇，鱼陟负冰相戏泳。

立春是二十四节气之首，每年的公历2月3日—5日交节，太阳到达黄经315度，北斗星指向东方。

所谓立春，春气始而建立也。从这一天开始，气温开始上升，日照、降雨渐渐增多，新的季节开始了。从气候学的角度，春季是指“候”平均气温10℃至22℃的时段。

候，是我国古代人民对二十四节气的又一细化。按照《月令七十二候集解》，一年二十四节气共七十二候：每五日为一候，三候为一气，六气为一时，四时为一岁。

而每一候，都有一个物候现象相对应。

立春三候，品物皆春。古代的文人墨客们，在尽情地吟诵着、感叹着。

立春初候：东风解冻

“暖日晴云知次第，东风不用更相催”。和煦的春风，化去了严冬的寒冻。此时阳气上升，万物复苏。即便是乍暖还寒时节，扑面的寒气也不似冬日那般的凛冽。正如宋代著名词人欧阳修在《渔家傲·正月新阳生翠琯》

所写：

正月新阳生翠琯。花苞柳线春犹浅。帘幕千重方半卷。池冰泮。东风吹水琉璃软。渐好凭阑醒醉眼。陇梅暗落芳英断。初日已知长一线。清宵短。梦魂怎奈珠宫远。

此时此刻，尽管是正月初日，春意微微，但是词人敏感察觉到，白昼已然长了一线，池塘里冻如琉璃的寒冰，也在东风的吹拂下渐渐化软。

欧阳修爱酒，文章写得亦好，却是仕途辗转，不免有借酒买醉之举。当此春来之际，便贪了这杯中之物。

只见他似醉非醉，似醒非醒，蒙眬了那双眼——真真一醉翁也！

不！他的心，一直都是清醒的。凭了那阑干，默默地注视着周遭浅浅的春意。那花苞、柳线以及渐次凋零的傲冬红梅，似乎都在提醒着，冬天去了，春来了。

是的，春天来了，带着希望。

只是可惜，陷在人生低谷的欧阳修不免有些伤感、有些怀疑自己——不然，何必低吟："梦魂怎奈珠宫远。"

何必感伤那渐次凋零的红梅呢！每一段时光，都有属于它的美好。且感受，人生旅途中的每一缕阳光。

值此时节，蓬勃绽放的，当然是迎春花。

迎春花是立春第一候的花信风，它看似娇弱，却有凌寒独自盛开的禀性，自它之后，百花争艳。诚如和欧阳修同时代的词人韩琦所言：

覆阑纤弱绿条长，带雪冲寒折嫩黄。迎得春来非自足，百花千卉共芬芳。

同样的初春景色，在不同的观赏者眼中有着不同的意境，有人悲伤，有人欢欣，皆因心情不同。

韩琦和欧阳修同为一朝重臣，欧阳修爱文，韩琦重武。前者与韩愈、柳宗元、苏轼有“千古文章四大家”之美誉；后者军中威望甚高，曾经有歌谣传颂：“军中有一韩，西贼闻之心骨寒；军中有一范，西贼闻之惊破胆。”

军中一范，乃是范仲淹。范仲淹有“先天下之忧而忧，后天下之乐而乐”的名句；韩琦文才亦不低，他也是进士出身，一生追求“天下乐业”。

可见此二人，竟是知文识武之人，堪为知音。

韩琦和欧阳修都曾有过被贬谪的遭遇，只是韩琦的性格比较爽直大度一些，看得比较开。曾经有一次，门下小吏在晚宴上不小心打碎了他价值百金的玉盏。一干宾客色变，小吏战战兢兢跪地，准备受罚。

韩琦淡然处之，只是说了句：“你只是不小心，又不是故意的，有什么罪呢？”

心境开阔，方能驶过千帆。

果然，欧阳修再次遭遇贬官的时候，就连皇帝本人也后悔，忍不住抹下脸面亲口挽留：“别去同州了，留下来修《唐书》吧。”

人的一生，譬如这春、夏、秋、冬，往者过而来者续，四季轮回，古今皆然。

立春二候：蛰虫始振

这里的“蛰”，是隐藏的意思；振，动也。它的意思是说，隐藏在洞穴里的小动物们，都要从冬眠中醒来了。

譬如，蝙蝠、蛇、青蛙等。冬眠，是动物们应对寒冷气候的自身调节。冬季，它们全身僵冷，不吃不喝，体温基本接近零度；春天到了，环境温度慢慢上升，它们便迅速恢复生机。

古人也从中受到启发，在严寒的冬季里，尽量躲在家里“猫冬”，保存身体的能量。一旦春天到来，气候转暖，就三三两两结伴前去探春了。

立春第二候的花信风是樱桃花，它的外形和桃花、梨花相似，只是花朵略小些，花梗也比较长。在尚且寒冷的早春时节，一簇簇的樱桃花粉嫩着笑脸，热热闹闹盛开着，点燃了春意。

如此美景，想来就令人神往，也是个尤物了。

元好问曾经写下一阕词，《朝中措·樱桃花下玉亭亭》：

樱桃花下玉亭亭。随步觉春生。处处绮罗丛里，偏他特地分明。韶华似水，棠梨叶吐，杨柳新成。不是低鬟一笑，十分只是无情。

元好问是个多才多情之人，曾经写下“问世间情为何物，直教人生死相许”的名句，被世人广为传诵。

在他眼中，世间之物皆是情，樱桃花、棠梨叶……处处都是美好，处处都是思念。

唉，韶华似水太无情。该怎样，才能不辜负这春色几许？

原来，他竟是那惜春人。

立春三候：鱼陟负冰

陟，是上升的意思。气温升高，水温渐暖，沉寂一冬的鱼儿们此起彼伏竞相浮出水面，想要领略一番春的气息。只是去冬的寒冰并未完全化去，水中依然有不少的碎冰块，站在岸边观望，仿佛鱼儿们驮着冰块在游来游去。

唐朝的罗隐写了一首诗，甚是有趣：

一二三四五六七，万木生芽是今日。
远天归雁拂云飞，近水游鱼迸冰出。

如此欢欣跳跃的鱼儿如同孩童一般，令人不禁莞尔。

第三候的花信风，当是望春花。

玉兰，又名望春花。只因她的花洁白如玉，清香似兰，故名白玉兰。“但有一枝堪比玉，何须九畹始征兰。”明朝的张茂吴咏了一首玉兰花的诗，这两句最出色。

白玉兰树大花繁，不叶而花。当其盛时，有千万花蕊，堪称玉树银花，点缀了大江南北。值此早春时节，玉兰花皎洁清丽，团团簇簇缀满枝干，竟似“素娥千队雪成团”。这是明朝文徵明《咏玉兰》的诗，全诗这样写：

绰约新妆玉有辉，素娥千队雪成围。
我知姑射真仙子，天遗霓裳试羽衣。
影落空阶初月冷，香生别院晚风微。
玉环飞燕元相敌，笑比江梅不恨肥。

可惜了，既然诗咏白玉兰，何必拿玉环、飞燕作比较。我想，以玉兰之高洁，她是不屑的；喜好梅花的江采萍也是不开心，懒得与人争俏。

如果玉兰有知，也许她愿意前往《诗经》深处寻找一份古老的爱情，那里有“死生契阔，与子成说”的承诺；或许，她会逢着一个伟岸的男子，两情相好，愿将此生“执子之手，与子偕老”。

望春花开，恋爱的季节到了。

2. 东郊斋祭所，应见五神来——习俗

忽对林亭雪，瑶华处处开。
今年迎气始，昨夜伴春回。
玉润窗前竹，花繁院里梅。
东郊斋祭所，应见五神来。

这是唐朝张九龄的《立春日晨起对积雪》一诗，立春当日竟然下起了雪，纷纷扬扬地飘落，衬得那林中亭台、窗前瘦竹、院中红梅，犹如天界瑶台一般。

有些谚语，诗人是明白的，譬如“立春寒，一春暖”“立春下大雪，百日还大雨”。

都说春雨贵如油，百日之后来一场好雨，岂不美哉！

张九龄驻足窗前，期冀着即将到来的暖春天气，心想：一年之计在于春，今年丰收有望了。

他认为，一定是3天前陪同天子前往东郊迎春，感动了五神，因此他才眷顾苍生。

这五神是：东方的春神句芒，五行属木；南方的夏神祝融，五行属火；西方的秋神蓐收，五行属金；北方的冬神玄冥，五行属水；后土居中，五行属土。

句芒春神位居东方，当然要在东郊迎春祭祀。

而这迎春的习俗，远在周朝就有相关的仪式了。立春前3天，天子就要开始斋戒，以示隆重。到了立春这一天，更是亲自率领着三公九卿以及诸侯大夫们，前往八里之远的东郊举行迎春仪式，祈求五神护佑，并赐予丰收之年。

真真是，“东风带雨逐西风，大地阳和暖气生。万物苏萌山水醒，农家岁首又谋耕。”

渐渐的，迎春演变成了举国同庆的民俗活动。清朝《燕京岁时记》记载：“立春先一日，顺天府官员，在东直门外一里春场迎春。立春日，礼部呈进春山宝座，顺天府呈进春牛图，礼毕回署，引春牛而击之，曰打春。”

打春

打春有一套严格的程序。据李松龄《清宫春牛芒神图》中介绍，清廷

“每年六月责成中央掌管天文气象的钦天监，按照年建干支，推算测定次年春牛芒神的颜色、形象，绘图贴说……然后将图发给各省府州县，再由地方按图样制造出春牛与芒神的偶像，举行鞭春的迎春仪式。在省城、省府是由知府主持祭典，县城则由知县主持。”

官府拿到春牛图，丝毫不敢懈怠，尽快赶制出春牛帖子（也叫迎春贴）。立春的前一天，官府派出两名春吏——着青衣、戴青帽，沿着大街小巷、走进千家万户“报春”。

“春来啦！”随着一声声高亢的喊声，所有的行人，无论高低贵贱都要对着春吏作揖施礼。每一户人家都会摆上果品、春盘，郑重其事地等待着春的到来。

春吏送给每户人家一张春牛帖子，上面不仅印有春牛、句芒，还有农人牵牛耕地的场景以及二十四节气的名称。拳拳之心溢于言表，一年之计在于春，切莫耽误了农事呐！

报春的声音响彻每家每户、田间地头，大家敲着锣、打着鼓齐呼：春来啦！

前日报了春，第二日立春就该“打春”了。其中的盛况，明代（作者未考）有一首诗写得好：

> 年年春打六九头，烟火爆竹放未休。
> 五彩旌旗喧锣鼓，围看府尹鞭春牛。

鞭打春牛，为的是催耕，以求五谷丰登。春牛的尺寸颇有讲究：

“春牛身高四尺，象征四季；身长八尺，代表春分、秋分、夏至、冬至、立春、立夏、立秋、立冬八个节气；牛尾长一尺二寸，象征一年十二个月；芒神身高三尺六寸五分，代表一年三百六十五天；手拿鞭长二尺四寸，则代表二十四节气。”

鞭春牛之前，当地官府要先供奉祭品于芒神土牛前，举行隆重的打牛仪式；然后吏民击鼓，由官员手执柳条鞭打春牛。

据说，鞭牛者站立的方位还是很有说道的。如果立春在春节前，他就应该站在春牛的前面；如果立春在春节后，他就站在春牛的后面。

鞭牛者一边打一边祷着颂词："一打风调雨顺，二打地肥土暄，三打三阳开泰，四打四季平安，五打五谷丰登，六打六合同春。"最后，他将鞭子交给手下小吏以及在场的农民，大家轮番鞭打，春牛打得越碎越好。

转眼间，和真牛差不多大的土牛就变成了一堆土，人们纷纷将碎土块抓在手里、揣在怀里，谓之抢春。据说，山东等地以抢牛头为吉利；浙江等地则将抢来的泥土撒在了自家的牛栏中，希望多产牛宝宝。

如此全民狂欢，也难怪南宋的王镃会在诗中说，"泥牛鞭散六街尘"。不过，他的全诗是这样的：

泥牛鞭散六街尘，生菜挑来叶叶春。
从此雪消风自软，梅花合让柳条新。

按照习俗，立春当天要做春饼卷生菜，称之为春盘。没错，鞭打完春牛，咱们就可以聊聊立春的美食了。正所谓："生菜挑来叶叶春"。

咬春

清朝的陈维崧在《陈检讨集》中写道："立春日啖春饼，谓之咬春。"

咬春的蔬菜最好是带有辛味的蔬菜，集齐5种，谓之簇五辛。在立春当天食用，一来发五脏之气，二来有迎新(辛)之意。食材可以是黄韭、蓼芽，也可以是蒜苗、芸薹、胡荽（香菜）、白萝卜等。

实在是贫穷人家，哪怕买个白萝卜给孩子咬春也是好的。老人也说了，萝卜赛梨，祛痰、通气、补脾胃，挺好！

所谓五辛，也是人生滋味。同样的节令，不同的人有不同的心情。

明代诗人于谦在立春这一天写了首感怀诗：

年去年来白发新，匆匆马上又逢春。
关河底事空留客？岁月无情不贷人。
一寸丹心图报国，两行清泪为思亲。
孤怀激烈难消遣，漫把金盘簇五辛。

于谦是谁？“粉身碎骨浑不怕，要留清白在人间”的民族英雄！

这首感怀诗，是于谦击退了瓦剌入侵后，第二年立春在前线写就的。逢此佳节，作者想起了家中的亲人，不由留下了两行热泪。然而，家国天下，自古忠孝难两全，而他，年去年来的征尘岁月，一寸丹心只报国！两种感情在他的心中激烈地交织、碰撞，一时难以排遣！

如此辛辣鲜香的春饼，于谦缓缓嚼在口中，也是食不知味。

然而，也正因为有了于谦这样的英雄，甘于奉献，才有了后方的平安、盛世的繁华。

宋朝的晁冲之也是一白发老翁，你看，他多有兴致：

巧盛金花真乐事，堆盘细菜亦宜人。
自惭白发嘲吾老，不上谯门看打春。

不错，像个过节的样子！由着年轻人去打春乐呵吧，咱就不上谯门和他们凑热闹了，且在家中细细享受美食。

贴春画、吊春穗、戴春鸡

除了打春牛、咬春饼之外，民间还有贴春画、立春幡、戴（贴）春胜等习俗。比如唐朝的上官婉儿就写过剪彩花的应制诗：

密叶因裁吐，新花逐剪舒。

攀条虽不谬，摘蕊讵知虚。

春至由来发，秋还未肯疏。

借问桃将李，相乱欲何如？

在诗中，婉儿极尽笔墨描写了彩花之精细繁美，达到以假乱真的地步。像这种彩花，应该就是春胜。可以剪成柳叶、花朵等植物，也可以是燕子、蝴蝶、凤凰、飞蛾等；可以挂在户外、贴在家中，或者戴在妇女头上……

在此早春时节，人们用自己的一双巧手将世界装扮得姹紫嫣红，想来很美。

当如辛弃疾所言：

春已归来，看美人头上，袅袅春幡。无端风雨，未肯收尽余寒。年时燕子，料今宵梦到西园。浑未办，黄柑荐酒，更传青韭堆盘？

却笑东风，从此便薰梅染柳，更没些闲。闲时又来镜里，转变朱颜。清愁不断，问何人会解连环？生怕见花开花落，朝来塞雁先还。

如此良辰美景，美食当前，词人却是清愁不断。

辛弃疾不仅是擅写词赋的翘楚，更是闻名遐迩的抗金英雄。当年，年仅 23 岁的少年郎，奇袭敌营，生擒叛贼，令宋高宗大为赞叹。

只可惜，南宋小朝廷偏安一隅。词人空怀一腔热血，无处报国，一生郁郁。这阕词，便是如此心境下写就的。

唉，无端风雨愁煞人！

然而，伤春多为恋春。词人年年不忘的是北方故园的山河壮丽、春色满园。

第二节　雨水

1. 半月交得雨水后，獭祭鱼时随应候——候应

半月交得雨水后，獭祭鱼时随应候；
候雁时催归北乡，那堪草木萌芽透。

雨水是二十四节气中的第二个节气，每年的正月十五前后开始交节，也称正月中气。

按照现行公历，雨水时节 2 月 18 日—20 日开始，3 月 4 日—5 日结束。交节之时，太阳到达黄经 330 度。

开篇的候应歌，“半月交得雨水后”直接点明了从立春到雨水的交节时间，简洁明了。

所谓雨水，顾名思义表示降水的开始。从此，我国黄河流域以及南方地区便是小雨淅沥，一片烟雨春色了。

就像《月令七十二候集解》所述，“雨水，正月中。天一生水。春始属木，然生木者，必水也，故立春后继之雨水。且东风既解冻，则散而为雨水矣。”

古人这种透着几分玄妙的理由，依照现代地理科学的解释，是因为太阳的直射点从南半球向赤道渐渐靠近后，气温回升，活跃的海洋暖湿空气北进和冷空气交汇的结果。

雨水之后，我国大部分气温回升到 0℃以上，雪渐少而雨渐多。黄淮平原日平均气温已经达到 3℃左右，江南平均气温在 5℃上下浮动，华南气

温 10℃上下，非常适合油菜以及冬麦的返青生长。而此时的华北地区依然比较寒冷，平均气温还在 0℃以下。这是由于我国幅员辽阔的地理特点决定的。

想来也是有趣，逢此佳节，北方部分地区还是白雪飘飘，而行走在南方的旅人已然在街巷驻足观雨，看雨润杏花美如画了。恰如农谚，“雨水节，雨水代替雪。”“雨水非降雨，还是降雪期。”

泱泱中华，壮哉！美哉！

当此时节，黄河流域万物萌动，五日一候，三候皆有奇妙的候应现象，让人们不由感叹时光的流逝以及春的美好。

雨水初候：獭祭鱼

此时春江水暖，鱼肥而出，水獭要开始捕鱼了。

水獭捕鱼的速度很快，用迅如闪电来形容一点都不为过。不过，水獭在吃鱼时候喜欢将捕到的肥鱼依次摆放，如同虔诚的祭祀之后才食用的模样。

清朝的孙枝蔚甚至在《老妻病愈设饼祭神》一诗中加以引用：“一点虔诚意，惟同獭祭鱼。”

其实他可是误解了，水獭食鱼如此“郑重其事”，并非因为虔诚之心，而是因为它的捕鱼能力实在是太强了——那么多的“食物”放在眼前，着实没有耐心慢慢吃，索性每条鱼随便啃一嘴了事。

如此贪心、又喜欢显摆的小东西，古人忍不住以此形容有堆积之好的人。

比如宋代的吴炯在《五总志》中这样说：“唐李商隐为文，多检阅书史，鳞次堆集左右，时谓为獭祭鱼。”

事物总是相对的，水獭这种“残忍”的举动，在古人看来却是丰收的象征。正常情况下，天地万物皆应顺势而动，交节当日雨润大地，鱼肥水美；

如果冰天雪地，水獭无法捕食“祭鱼”，就说明该年天时不好，无法获得好的收成。

这显然是令人忧虑的，就像《月令广义》所言：“雨水日，獭祭鱼，是日獭不祭鱼，国多寇贼。”

所以，人们怀着虔诚之心感念着春雨的恩泽，期待春华秋实、国泰民安。

犹如诗圣杜甫在《春夜喜雨》所吟：

好雨知时节，当春乃发生。
随风潜入夜，润物细无声。
野径云俱黑，江船火独明。
晓看红湿处，花重锦官城。

雨水二候：候雁北

继水獭捕鱼，过了五天，大雁成行由南至北而来，发出“伊啊，伊啊”的声音，一会儿呈“人”字形，一会儿呈“一”字形，有如从不失约的信使，带来了希望，带来了美好。

古往今来，有多少的文人墨客在吟诵着它们。

先是唐朝武则天时期的进士韦承庆写了一首《南中咏雁诗》：

万里人南去，三春雁北飞。
不知何岁月，得与尔同归？

很显然，诗人在以诗言志。韦承庆是个孝子，才华亦可，从进士一路高升为凤阁舍人——乃是起草诏书、颇有实权之人，因在张易之一案中，有“失实”之过，被流配岭南。

流放途中，他无数次仰天北望，思念家乡。当北归的大雁从天空成群飞过的时候，再也抑制不住心中的情感，自然而然发出了上面的感慨。

一首佳作因此出世！

写诗贵在自然，清朝的沈德潜这样评价：“段句以自然为宗，此种最是难得。”

和韦承庆的抑郁难纾相比，白居易的咏雁诗就要欢快多了。他在《江楼晚眺》中这样写：

澹烟疏雨间斜阳，江色鲜明海气凉。
蜃散云收破楼阁，虹残水照断桥梁。
风翻白浪花千片，雁点青天字一行。
好著丹青图写取，题诗寄与水曹郎。

这首七律是白居易在杭州任刺史期间所写。某日傍晚，诗人登上城楼远眺，但见江面上斜阳细雨已然极美，偏有海市蜃楼赶来增艳，那即将消退的残虹、断桥，让诗人欣喜若狂，忙让人取来笔墨，匆匆画下这绝美的瞬间，想要与友人分享。

透过这首诗，我们也仿佛看见了“风翻白浪花千片，雁点青天字一行”的辽阔之美。

诗人笔下的“水曹郎”——好友张籍收到这份诗画俱佳的礼物后，特地写了《答白杭州郡楼登望画图见寄》回赠，赞道：“乍惊物色从诗出，更想工人下手难。”

水曹，水部的别称。张籍曾经是一位负责水利工作的官员，水部员外郎。唐代著名诗人韩愈也为他写过两首七言绝句，其中有一首比较知名：

天街小雨润如酥，草色遥看近却无。

最是一年春好处，绝胜烟柳满皇都。

唐代的水部隶属于工部，而工部掌山泽、屯田、工匠、诸司公廨纸笔墨之事。简单说，从城池修浚到农业生产以及河道沟渠的疏通，都属于他们的业务范畴。

早春时节，细雨纷纷顺应时节而动，显然是个好年景。看在眼里，喜在心头，韩愈终于忍不住写诗向张籍庆贺。

鸿雁守信，春雨如约，这是一个充满希望的季节。

尽管白居易的一生仕途辗转，却心系百姓，主动向朝廷请求下放到杭州任职。在这里，他心无旁骛，脚踏实地治理西湖、修堤筑坝，解决了数十万亩农田的水利灌溉问题。

诸如此类，不一而足。

难怪《新唐书》会做出这样的评价："呜呼！居易其贤哉！"

春去秋来，鸿雁南来北往，皆因时节所感。

而我们，则顺应自然，做好该做的事情。

所谓天人合一，就是这个道理。

到底，日日盼北归的韦承庆也以"秘书员外少监"的名义被召回了，兼修国史。

雨水三候：草木萌动

在春雨的润物细无声中，街边小草、树木悄悄伸了伸懒腰，山间、田野渐渐变绿了，呈现出一派欣欣向荣的景象。

《月令七十二候集解》对此亦有说法："三候，草木萌动。天地之气交而为泰，故草木萌生发动矣。是为可耕之候。"

雨水前后，油菜、冬麦普遍返青生长，对水分的需求比较多。华北、西北以及黄淮地区降雨量比较少的地区，就要在雨水前后及时进行春灌；淮河以南，则应该做好中耕锄地工作，抓紧田间清沟沥水，防止雨水过多导致农作物烂根。

俗话说，“麦浇芽，菜浇花”。这里“菜”，指的是油菜花。

油菜是一种可以广泛种植的农作物，幼苗可以食用，菜籽可以榨油。它的花应时而开，张扬着靓丽的金黄，恣意绽放，田间地垄到处都是，备受大众喜爱。

也难怪宋朝的秦观曾经做歌：“小园几许，收尽春光。有桃花红，李花白，菜花黄。”

其实，按照雨水三候花信风的顺序，本是油菜花第一候，杏花第二候，李花第三候。

不过，短短相隔几天的花开顺序，秦观大约是顾不得分辨明白，他的眼已经被春色迷醉。

然而对于农人来讲，却是慧眼如炬。正所谓，“花木掌时令，鸟鸣报农时。”

2. 五百年前，曾向杭州看上元——习俗

宋朝刘辰翁的《减字木兰花》：

无灯可看。雨水从教正月半。
探茧推盘。探得千秋字字看。
铜驼故老。说著宣和似天宝。
五百年前。曾向杭州看上元。

沥沥的春雨不期而至，打扰了词人上元佳节观灯的雅兴，于是便如孩童一般直率任性，挥毫泼墨写下了上面的文字。

词人笔下的上元节指的是正月十五，也叫元宵节，历来有吃元宵、赏花灯、猜灯谜的习俗。

该习俗来源于道教的三元说：正月十五为上元节，七月十五为中元节，十月十五为下元节。天、地、水三官分别主管着上、中、下三元。正月十五天官喜乐，所以要燃灯庆祝。

说起道教，我们不得不提起其创始人老子。

老子，姓李名耳，字聃，乃春秋时期陈国人氏，著有《道德经》。

《道德经》又被称为《老子》，他用“道”来阐述宇宙万物的变化过程。所谓“道”，指的是客观自然规律，而且具备“独立不改，周行而不殆”的永恒意义。

老子认为，“天下万物生于有，有生于无”，并且具有高度的统一性。他还指出凡事皆有正反两面性，用我们耳熟能详的故事来说，叫作塞翁失马焉知非福，用他本人的语言，叫作“祸兮，福之所倚；福兮，祸之所伏”。

《道德经》含有丰富的辩证法思想，老子哲学与古希腊哲学一起构成了人类哲学的两个源头。这种深邃的哲学思想，让老子拥有了“中国哲学之父”的美誉。据说孔子周游列国时，特地去向老子问礼。而后世的庄子则继承了老子的这种思想，被合称为老庄。

也许是被彻底折服的缘故，上至皇帝将相、下至普通百姓，直接将老子捧到了神仙的地位——住在九十九天兜率宫炼丹的太上老君便是。

据说元宵节赏灯由汉明帝起，一直流传至今，这也算是对先哲的特殊纪念方式吧。

一元复始，万象更新。逢此佳节，人们看花灯、放焰火、猜灯谜，吃元宵，团团圆圆享受天伦，不亦乐乎！

宋朝的辛弃疾，也写了一阕词来描述元宵节盛况：

东风夜放花千树。更吹落、星如雨，宝马雕车香满路。凤箫声动，玉壶光转，一夜鱼龙舞。

同样是过节，刘辰翁和辛弃疾的“命运”可真是殊异。而其中的“罪魁祸首”，便是不期而至的春雨。原因很简单，“雨水从教正月半”——元宵节和雨水时节有着太大的吻合几率。

刘辰翁生逢南宋末年，杭州多雨，害得他“无灯可看”，于是，他无可奈何地发出了“五百年前，曾向杭州看上元”的哀叹。

除了元宵节观灯之外，雨水的民间习俗还有拉保保、接寿（送雨水）、占稻色等，下面我们依次介绍。

拉保保

拉保保是一种盛行于四川等地的汉族民俗文化，其实就是认干爹。以前的生活条件相对较低，医疗水平不高，大家身体健康缺乏保障。为了自己的儿女能够顺利长大成人，人们就希望找个福泽深厚的人，给孩子做干爹，希望保佑他（她）将来长命百岁，幸福安康。

“雨露滋润易生长”，为了求个美好的寓意，所以拉保保最好的时间就是雨水节。这一天无论天气状况如何，是否有雨，准备为孩子拉干爹的父母都要带上事先准备好的香蜡、纸钱、酒菜，领上孩子在人群中寻找有缘人。

如果希望孩子将来成为才华横溢的学者，那么就将目光重点放在文弱书生身上；如果希望孩子将来有个健康的体魄，那么就找一个看起来高大威猛的汉子做干爹。

由于拉干爹的本意是为孩子挡灾，有的人不太乐意，就会挣脱走掉，但是很大一部分人还是比较开心，认为彼此帮衬着会连带自己今后的运势好起来，也就高高兴兴答应了。

找到干爹后，如果彼此命理相合，孩子的父母忙连声念诵：“打个干亲家！”摆好随带的酒菜，焚香点蜡，让孩儿磕头认干爹。最后请干爹边吃酒菜、边为孩子起个名，至此拉保保就成功了。

如果双方缘分相投，有意深交，便会逢年过节如亲戚一般走动，这叫作“常年干亲家”。也有就此别过，各自海阔天空再不相扰的，叫作“过路干亲家”。

同样是雨水节认干爹，还有一种风俗叫“撞拜寄”：一大早年轻的母亲就带着自己的儿女守在路口，只要第一个行人从面前经过，无论男女老幼，即刻上前让孩子磕头拜寄。如此，随着缘分就给孩子撞了个干爹、干妈。

其实，无论是拉保保、还是撞拜寄，本意都是为孩子求个福气。渐渐地，有的就不愿意那么麻烦了，索性在亲戚朋友中找个和孩子相合的，择日带孩子上门认干爹就行了。还有更洒脱的，干脆将孩子拜寄给山石、田土、树木、溪流等。

这种风俗在山西等北方地区也盛行，比如，笔者有个亲戚打小就拜祭了一块石碾子做干爹。

接寿（送雨水）

过雨水节，做女婿的要陪着媳妇儿回娘家给父母送节，礼物之一是两把藤椅，上面缠一丈二尺长的红带子，意思是给岳父岳母接寿，祝他们长命百岁。另外，还要带一份在砂锅里炖好的罐罐肉，食材是猪脚、大豆、海带等。因为是放在罐子里，所以得名。女儿、女婿们还很用心地用红绳、红纸封住了罐口。

作为回赠，岳父岳母会送女婿一把雨伞，用意是为女婿遮风挡雨，祝福他平平安安。至于女儿，如果还没有怀孕，母亲会亲手为她缝制一条红裤子——据说女儿贴身穿上一段时间，会很快怀孕。

占稻色

说到底，雨水是一个适于耕种的时节，为了预算一年的收成，农民们还会进行占稻色。

占稻色是南方种植水稻地区的一种民俗，简单地说就是用爆炒糯米花的方式占卜稻谷成色。方法是将糯米放在锅中爆炒，如果爆出来的米花又大又多，就预示了当年的稻谷会有好收成，反之则收成欠佳。

客家人取“花”和“发”的谐音，有发财的意思，于是用爆米花供奉天官、土地社官，求个风调雨顺、五谷丰登。

元代的娄元礼在《田家五行》中记载了此种习俗：“雨水节，烧干镬（huò，锅），以糯稻爆之，谓之孛罗花，占稻色。”其实我们北方也讲究，只是将爆糯米改成了爆玉米。

用爆米花来占卜收成，看似玄妙，其实有一定的道理：农民们是将头年预留的种子，通过爆炒的方式来断定成色。因为有积年的生产经验在里面，所以预判的准确率就比较高。

也许是在占稻色的事情上有了信心，古人便将其中的“占卜”功能逐类旁推起来，以此预测爱情和事物吉凶。

明朝的李诩在《戒庵老人漫笔》中记录了一首诗：

东人吴城十万家，家家爆谷卜年华。
就锅抛下黄金粟，转手翻成白玉花。
红粉佳人占喜事，白头老叟问生涯。
晓来装饰诸儿女，数点梅花插鬓斜。

对此，人们给予善意一笑：占稻色可信，其他事情只能是聊以自慰而已。但是今天的爆米花早已摆脱了占卜功能，成为了大众美食，满足口腹之欲。

不知不觉，我们又聊到了美食的话题。借着这个话头，我们顺便聊聊雨水时节适合吃什么样的食物。此时地气湿润，且阳气上升，可以吃一些调养脾胃和去风除湿的食品，比如香芹牛肉和清蒸鲈鱼等。

说起鲈鱼，范仲淹也算是个著名的吃货了，且看他的《江上渔者》：

江上往来人，但爱鲈鱼美。
君看一叶舟，出没风波里。

我们只道农民辛苦，其实渔民亦不容易。对于天地万物，不妨怀有一颗感恩之心。

第三节　惊蛰

1. 惊蛰二月节气浮，桃始开花放树头——候应

惊蛰二月节气浮，桃始开花放树头；
鸧鹒鸣动无休歇，催得胡鹰化作鸠。

惊蛰是二十四节气中的第三个节气，通常在每年公历的 3 月 6 日左右交节，此时太阳到达黄经 345 度。

值此时节，天气渐暖，便有春雷响彻，惊醒了蛰伏一冬的小动物们，因此得名惊蛰。

按照《月令七十二候集解》，惊蛰乃二月节，也就是开篇所谓的“惊蛰二月节气浮”。不过《夏小正》上却说“正月启蛰”，据说是汉景帝时期，为了避皇帝的名讳将孟春正月的“惊蛰”和仲春二月的“雨水”顺序做了调换，也导致了后面的“谷雨”和“清明”节气也跟着换了顺序。

依此，汉初之前的节气顺序是这样的：立春、惊蛰（启蛰）、雨水、春分、谷雨、清明；汉景帝之后变成了这样：立春、雨水、惊蛰、春分、清明、谷雨。

到了唐代以后，一度恢复为“启蛰”，开元年间制定大衍历的时候，再次改为惊蛰，并且持续到了今天。

需要说明的是，由于地理原因，并不是所有的地区在惊蛰的时候都可以听到春雷初鸣。除了长江流域大部分地区和南方可以在此时听到春雷外，

华南西北部一般到了清明才会有雷声，而云南在每年的元月底就可以听到春雷的响声了，北京则在4月下旬才有幸听闻。

在此期间，我国绝大多数地区平均气温可以达到0℃以上，“华北地区日平均气温为3—6℃，江南地区为8℃以上，而西南和华南已达10—15℃，早已是一派融融春光了。”

所以说，“惊蛰始雷”基本适用于长江流域，对此，我们要抱着科学的态度看待。

关于惊蛰，唐朝的元稹写了一首乐府杂曲《芳树》，对此描述得相当形象：

芳树已寥落，孤英尤可嘉。可怜团团叶，盖覆深深花。
游蜂竞钻刺，斗雀亦纷拏。天生细碎物，不爱好光华。
非无歼殄法，念尔有生涯。春雷一声发，惊燕亦惊蛇。
清池养神蔡，已复长虾蟆。雨露贵平施，吾其春草芽。

值此时节，青青碧草发新芽，舒展嫩枝条，一派宜人的初春景色。春风春雨中，农家耕田忙，细心的人们已经注意到，路边的桃花渐次开放，灼灼光华，惊艳了旧时光。

惊蛰初候：桃始华

桃花是惊蛰的第一个物候变化，也是花信风。所谓花信风，是指应花期吹来的风。

仲春之初，天气尚且寒冻，溪流、池塘里面的坚冰虽然化成了一汪碧波，那水却是彻骨的冰冷，直入骨髓。不过那看似如美人一般娇嫩的桃花，却三三两两地绽开了。如同苏轼所写：

竹外桃花三两枝，春江水暖鸭先知。
蒌蒿满地芦芽短，正是河豚欲上时。

在寒风中横斜舒展的桃花自然是娇艳的，只是每次读到“春江水暖”这句，不由心底里冒出了无法遏止的寒凉之气，有句民谚说“春天冻人不冻水”，看来并非虚妄!

这是因为，虽然初春时节气温呈上升趋势，但是春季的风却比较大。据中国气象网有关资料显示，“风速越大，人体内的热量散失也就越快越多，人也会备感寒冷。据风寒指数测试：当气温为 1.1℃，风速为 2.2 米 / 秒（约 2 级风）时，体感温度为－ 2.8℃；气温不变，风速变为 9.3 米 / 秒（约 5 级风）时，体感温度可达－ 15.5℃。”

而历经一冬的冰雪、冻土，它们在消融的过程中又需要吸收空气中大量的热。基于这两者作用，人们就倍觉寒冷了，就像民间所云“反了春，冻断筋”“春冻骨头秋冻肉”。

比较诗意的说法，则是“春寒料峭，冻杀年少”！

在此期间，鸭子自然可以在水面上畅快游走，而行人却不同了。且不说塞外的风雪如何，便是行走早春时节的江南街头，也不会畅快地舒展了筋骨，还需裹紧御寒的衣衫。

所以，爱美的少男少女，为了健康大计，切莫忙着换春衣，且忍耐些时日。

然而，桃花毕竟是开了，艳光灼灼，令人迷醉。

古时，仲春之月桃花盛开，便是男女相爱的季节。如同《周礼》所说：“仲春之月，令会男女。”

你看唐朝的崔护去都城南庄一游，就遇上了一个美人，但是也留下了遗憾：

去年今日此门中，人面桃花相映红。

人面不知何处去，桃花依旧笑春风。

像这样的女子，便如惊鸿一瞥，令人难忘。

其实，将美人比作桃花，世人不过是步《诗经》的旧尘。不信我们且读一下《桃夭》：

桃之夭夭，灼灼其华。之子于归，宜其室家。
桃之夭夭，有蕡其实。之子于归，宜其家室。
桃之夭夭，其叶蓁蓁，之子于归，宜其家人。

像“桃之夭夭，灼灼其华”这样的佳句，用来比喻青春少女无法遮挡的耀眼光华，再恰当不过了。

精通《诗经》的清代学者姚际恒，评价该诗“开千古词赋，咏美人之祖”。

更难得的是，诗中的美人不仅有着桃花般鲜艳的姿容，更有“宜其室家”的品德，真是既美且善。想来，一个真正的美人，要有良好的品德相配，才可以当此二字；否则，空有一身皮囊罢了。

也难怪古人娶妻，要歌咏《桃夭》了。只是，美人亦有美人的烦恼，且看惊蛰第二候。

惊蛰二候：仓庚鸣

《诗经》上有“春日载阳，有鸣仓庚”的记载，出自《七月》。全句是这样的：

七月流火，九月授衣。春日载阳，有鸣仓庚。女执懿筐，遵彼微行，爰求柔桑。春日迟迟，采蘩祁祁。女心伤悲，殆及公子同归。

这首诗的总体感觉就让人不安，怀有满满的怨恨之情。诗中描述的对象，应该是没有人身自由的奴隶。

你看开首之句便营造出一派焦灼紧张的气息：七月的骄阳似火，令人难耐；进入九月后，又要忙着缝制寒衣了。

这样的句子在全诗中反复了三次，无疑增加了主人公的悲凉之感。其中的“流火”二字，充满了逼人的灼热之气，再没有别的词可以替代了。

所以，即便是春意融融的季节，有黄鹂鸟在鸣唱。美人提着竹筐行走在田间小径，一边采摘嫩桑叶，一边担心自己要随着贵人远走他乡了。

阳光明媚，好时光越来越长，可是她的命运却不属于自己。即便是有着桃花般灼灼光华的女子，一旦没有了人身自由，为人陪嫁做媵妾的命运无疑是可悲的呀！

在这样的心境下，恐怕黄鹂鸟的鸣叫声在她听来也是孤独无助的吧。

仓庚，指的是黄鹂鸟。据《月令七十二候集解》说，有“仓清”“庚新”之意，因此得名。

在靠天吃饭的古代，春天青黄未济，粮仓空空，往往是农人最难熬的时候。好在有“庚新”的希望，春阳清新之气又让人欢欣，有了希望。

比如《七月》中的“采蘩祁祁”，就是描述人们在春天采摘白蒿的形象。

白蒿是一种药材，也叫茵陈。适宜二月采摘，可以做药，可以做菜，熬水喝对人的肝比较好，药店通常有售。整个春季，像这种野菜山泽间到处都有，味道还很不错，别有风味。

可见天地可以养人，从来也不会将人逼入绝境。

值此时节，应时而来的花信风是棠梨花。

棠梨是一种野梨子，大约是因为果实太小的缘故，我们山西这边叫作豆梨，其他地区还有鹿梨、鸟梨等名字。它的味道还不错，酸酸甜甜的，健胃、治痢疾，根、叶、花皆有药物作用。

我们在立春第二候曾引用元好问的诗词《朝中措·樱桃花下玉亭亭》，其中就有“棠梨叶吐，杨柳新成”之句。棠梨正月吐叶，二月开花，花色洁白淡雅，和艳丽的桃花相映成趣，别有一番情致。可用来做菜，如炒食、凉拌和做汤，且花色不改，真是色香味俱佳。

惊蛰三候：鹰化为鸠

《月令七十二候集解》说，“鹰，鸷鸟也，鹞鹯之属；鸠即今之布谷。”至于老鹰和鸠（布谷鸟）这两种不同的鸟类是如何实现相互变化的，书中引用《荀子·王制》中的一段话给出了解释：“鸠化为鹰，秋时也，此言鹰化为鸠春时也。以生育肃杀气盛，故鸷鸟感之而变耳。”

从字面上看，古人颇有点想当然的意思，其实，它的本意是讲述为君之道的。

明朝的刘伯温也写了类似的文章，加以引申为做人之道。全文是这样的：

文山之鹰既化为鸠，羽毛、爪觜皆鸠矣。飞翔于林木之间，见群羽族之瞅然集也，瞿然忘其身之为鸠也，虓然而鹰鸣焉，群鸟皆翕伏。久之，有乌翳薄而窥之，见其爪觜、羽毛皆鸠而非鹰也，则出而噪之。鸠仓皇无所措，欲斗则爪与觜皆无用，乃竦身入于灌。乌呼其朋而逐之，大困。郁离子曰：“鹰，天下之鸷也，而化为鸠，则既失所恃矣，又鸣以取困，是以哲士安受命而大含忍也。”

大意是说，岷山之鹰化为鸠以后，外形变得和鸠鸟一样了。但是它忘了自己已经不是老鹰的事实，在飞翔的时候忽然发出老鹰的叫声，百鸟听到老鹰的声音之后就驯服地伏在地上。过了一段时间，一只乌鸦发现了这个秘密，就开始聒噪它、欺侮它。鸠想要像以往那样和乌鸦搏斗，奈何现在的爪子和嘴都和从前不同了，只好躲入灌木丛中。于是乌鸦呼朋结友一起追赶它，鸠被困其中，异常狼狈。

于是引用郁离子的话说：“即便是鹰这种天下最凶猛的鸟类，一旦变为鸠鸟，便不再有从前得意依仗的势力。在这种不利的状况下发出强者的声音，无疑是自取其辱。因此，聪明的人应该根据情况安于受命，要有强大的忍耐力和适应性。”

说了这么多，古人谆谆诱导无非是想让我们明白顺时而动的道理，避免逆水行舟让自己陷入困境。这个道理我们了解就好，在此就不需多说了，现在将话题回到布谷鸟这种候应时节的物种上来。

唐代诗人王维写了一首《春中田园作》，堪称代表作：

屋上春鸠鸣，村边杏花白。

持斧伐远扬，荷锄觇泉脉。

归燕识故巢，旧人看新历。

临觞忽不御，惆怅远行客。

上面我们说过，鸠鸟就是布谷鸟。房屋之上有布谷鸟在鸣叫，村畔杏花朵朵白，农人看见便知该持斧扛锄前往田间劳作。

此情此景，真是应了“花木掌时令，鸟鸣报农时”的谚语。

“布谷，布谷，快快种谷。”伴随着布谷鸟的叫声，蔷薇花也应时而开了。

蔷薇花异常美丽，其色有纯白、绛紫、玫瑰红等，姹紫嫣红，美不胜收。唐代的陆畅写了一首同名诗，很有意思：

锦窠花朵灯丛醉，翠叶眉稠裛露垂。

莫引美人来架下，恐惊红片落燕支。

诗人之意，分明是以花喻美人，似有让二者比美之心；却又担心蔷薇不服，跳下枝头和美人唇上的胭脂比艳。

看来这是红蔷薇，有趣！有趣！

2. 天子亲耕以共粢盛，王后亲蚕以共祭服——习俗

《谷梁传·桓公十四年》有这样记载："天子亲耕以共粢盛，王后亲蚕以共祭服。"

在古代，人们对上天怀有虔诚之感，正所谓"国之大事唯祀与戎"。因此，祭祀当慎重对待。

粢盛，是盛在祭器内以供祭祀的谷物；祭服则是古代祭祀时穿的礼服。

天子亲耕、王后亲蚕是我国周朝时就已经形成的国家祀典，以示劝农之意。其实，远在三皇伏羲时期，便有"重农桑，务耕田"的传统，代代相承到汉朝就形成了一套完整的国家礼仪，皇帝和皇后常常在春季举行"籍田礼"和"亲蚕礼"。

天子亲耕，自有一套标准，西汉时期的《礼记》记载："天子亲载耒耜，措之参保介之御间，帅三公、九卿、诸侯、大夫，躬耕帝籍。天子三推，三公五推，卿诸侯九推。反，执爵于大寝，三公、九卿、诸侯、大夫皆御……"到了明清两朝，天子的籍田已经由千亩改为了一亩三分地，象征意义更强些。每年的仲春亥日，皇帝率领文武百官前往先农坛亲耕。

按照《宛署杂记》记载，明朝的皇帝亲耕的时候，左手执黄龙绒鞭，右手执金龙犁——前面还有两名牵牛人负责"导驾"，后面有两名农民扶犁。只要在田间往返三个来回，天子的"三推三返"仪式便大功告成。之后，皇帝轻松地坐在观耕台检阅大臣们耕作——顺天府官员负责撒种，经验丰富的农民负责牵牛覆土。

等天子亲耕仪式全部完成后，从民间请来的协助人员都会得到官方相应的好处，即便是围观的民众，也会得到御赐的馒头和肉。

清朝的亲耕仪式和明朝大抵相同，倒是皇后亲蚕礼值得一说。现今《孝贤纯皇后亲蚕图》流传于世，由郎世宁所绘——孝贤是乾隆的第一任皇后，

二人感情深厚。

乾隆七年的时候，大学士鄂尔泰向皇帝提出了恢复“天子亲耕、皇后亲蚕”的古制。乾隆当即准奏，并且在现北海公园东北郊建立了先蚕坛。

举办亲蚕礼必须预先祭祀先蚕神，择吉之后皇后和陪祀人员提前两天斋戒，吉日吉时穿朝服到先蚕坛祭先蚕神嫘祖，行六肃、三跪、三拜之礼。之后便是躬桑，先蚕坛的桑林中旌旗飘扬，金鼓齐鸣，众人唱起了《采桑歌》。隆重的仪式中皇后右手持钩、左手持筐，象征性采上三片桑叶，然后高坐观桑台，看着众位妃嫔命妇们采桑。当蚕母将桑叶送至蚕室的时候，躬桑仪式也就结束了。

值得一提的是皇后的配置是金钩、黄筐，而妃嫔则是银钩、黄筐，其他随从人员则是铁钩朱筐。

亲蚕礼的最后一个仪式是献蚕缫丝：等到蚕儿结茧后，皇后和妃嫔贵妇等陪桑诸人，还要一起到蚕室亲自缫丝，染成赤橙黄绿等多种颜色，以做祭服使用。

皇后亲蚕礼通常是在三月份，因和天子亲耕的一体性，在此一并介绍。

历朝历代如此隆重，可见农业在我国的重要性。皇室如此郑重其事，百姓也是心领神会，自然明白春耕的重要性。民间有这样一首打油诗，很是轻松愉快：

二月二，龙抬头，天子耕地臣赶牛，正宫娘娘老送饭，当朝大臣把种丢，春耕夏耘率天下，五谷丰登太平秋。

紧接着，我们就说说二月二，龙抬头。

二月二，龙抬头

农历二月二是我国民间重要的传统节日，又被称为“春耕节”“农事节”“春龙节”。或许是因为农历二月天子亲耕，皇帝又被称为“真龙天子”的缘故，所以有了二月二龙抬头的说法。

从自然现象说，惊蛰交节之后，蛇、鼠、蜥蜴等潜伏了一冬的动物们都从洞穴中爬出来觅食了。蛇也称之为小龙，而传说中的龙是由蛇身、鹿角、蜥腿、鱼鳞、虎须等多种动物组合成的神话动物。

从这个角度，到了二月二，所有动物们都抬起头了，在艳阳高照的春天里，活力迸发。

如此，陶渊明的一首拟古诗也算是应景之作了，其诗云：

仲春遘时雨，始雷发东隅。
众蛰各潜骇，草木纵横舒。
翩翩新来燕，双双入我庐。
先巢故尚在，相将还旧居。
自从分别来，门庭日荒芜；
我心固匪石，君情定何如？

写诗免不了言志，陶渊明高洁之士，自然值得敬佩。话不多说，我们且看元朝的吴存有着怎样浪漫的想象：

《水龙吟　寿族父瑞　堂是日惊蛰》

今朝蛰户初开，一声雷唤苍龙起。吾宗仙猛，当年乘此，遨游人世。玉颊银须，胡麻饭饱，九霞觞醉。爱青青门外，万丝杨柳，都捻作，长生缕。七十三年闲眼，阅人间几多兴废。酸碱嚼破，如今翻觉，淡中有味。总把余年，载松长竹，种兰培桂。待与翁同看，上元甲子，太平春霁。

吴存这词大约化用了费长房偶遇神仙，得一竹杖骑跨回家后，竹杖变而为龙的故事。

龙的形象在我国深入人心，也有人用二十八星宿中的东方七宿，角、亢、氐、房、心、尾、箕，在二月二这天的连线形状来解释龙抬头现象，也说得通。

自然，和二月二有关的谚语和习俗也有很多了，谚语有“二月二，龙抬头，大仓满，小仓流”，这其中蕴含了多么美好愿望啊！

最令人津津乐道的习俗，大约是剃龙头了：据说，正月里外甥们是不可以剃头发的，恐怕会“死舅”；为了让舅舅开心，小外甥们蓄留了很久的头发真是生长茂盛，好容易熬到二月二，赶紧到理发店剪头发去，旧貌换新颜呐！

其实，这是一种误传。正月里剃头不是“死舅”，而是“思舅”，同音不同字，意思可就差多了。

不过，老人们还是希望在二月二这天剃头的，龙抬头嘛，可以带来一年的好运。这一天的讲究实在是太多了，即便是吃食，也要图个吉利，吃饺子叫吃龙耳，吃春饼叫咬龙鳞，吃米饭叫吃龙子，吃馄饨叫吃龙眼。

总之，怎么好听怎么来！就连家庭妇女们在这天都可以偷个懒，衣服不能洗，怕伤了龙皮；针线女红不能做，怕刺伤了龙目。

如此种种，名堂繁多！

但是说到底，毕竟是春耕节，看似休闲的人们心里还是有本账的。你看，唐朝的韦应物笔下就描述了这样的田间生活：

微雨众卉新，一雷惊蛰始。
田家几日闲，耕种从此起。
丁壮俱在野，场圃亦就理。
归来景常晏，饮犊西涧水。

过了惊蛰节，农民们就要开始紧张的农忙生活了，有多忙呢？即便是儿女亲家来了，恐怕也来不及招待，只能告诉他（她）：“亲家，有话田坡上说！”

想想也是，人误地一春，地误人一年，可是不得了。

第四节　春分

1. 春色平分才一半，向时玄鸟重相见——候应

春色平分才一半，向时玄鸟重相见；
雷乃发声天际头，闪闪云开始见电。

春分是二十四节气中的第四个节气，也是春季的中分点，每年的公历大约3月20日至21日交节——农历二月十五前后，此时太阳到达黄经0度。

春分的含义，《月令七十二候集解》有这样的解释："二月中，分者半也，此当九十日之半，故谓之分。秋同义。"此时，太阳的直射点在赤道上，之后渐渐北移，因此也叫作升分。

著名诗画家吴藕汀题过一首关于春分的诗：

度曲犹存玉茗堂，钗头妙语斗新妆。
春分昼夜无长短，风送窗前九畹香。

如同诗中所叙，春分昼夜无长短，之后，北半球昼渐长夜渐短，而南半球反之，夜渐长昼渐短。我国古籍《春秋繁露·阴阳出入上下篇》对此也有相关记载："春分者，阴阳相半也，故昼夜均而寒暑平。"

需要指出的是，这一天南北半球季节正好相反，北半球是春分，南半球则是秋分。同时全球无极昼和极夜现象，过了春分，北极附近开始极昼，且范围越来越大；南极附近极昼结束，极夜开始，且范围越来越大，大约

要持续六个月的时间。

春暖燕归来，值此时节，我国除青藏高原、东北、西北以及华北北部地区之外，其他地区均已踏进春天的门槛，万物欣欣向荣，到处可见杨柳青青，姹紫嫣红。

真可谓："春风春雨花经眼，江北江南水拍天。"

但是也切不能掉以轻心，在享受春光春色的时候，北方的人们要注意大风扬沙天气，甚至于受冷暖气流交汇的影响，连续的阴雨天气以及倒春寒也是有的。

苏轼的《癸丑春分后雪》最能说明其中的变幻无常了：

雪入春分省见稀，半开桃李不胜威。
应惭落地梅花识，却作漫天柳絮飞。
不分东君专节物，故将新巧发阴机。
从今造物尤难料，更暖须留御腊衣。

若是遇上倒春寒，无论南方、北方，恐怕农作物要受影响了，必须当心。

不由轻叹一声，也如五代时徐铉一般所感：

天将小雨交春半，谁见枝头花历乱。纵目天涯，浅黛春山处处纱。焦人不过轻寒恼，问卜怕听情未了。许是今生，误把前生草踏青。

细思量，恋春、思春，抑或恼春，一切还需顺其自然，保持一颗平常心，不受外物所扰才是。让我们带着一双如孩童般纯净的眼睛，看一看从南方归来的燕子，是多么活泼可爱，振奋人心。

春分初候：玄鸟至

玄鸟，燕子。《楚辞·离骚》上王逸注："玄鸟，燕也。"

春分初候的意思是说，春分时节，燕子从南方飞回来了。燕子是一种候鸟，每年春来秋去，依照季节变化迁徙，但是无论如何，它都不忘旧巢，古时爱国文人常常借此抒发感情。

比如宋代的张炎，在南宋灭亡后重游西湖的时候，就发出了这样的悲音：

接叶巢莺，平波卷絮，断桥斜日归船。能几番游，看花又是明年。东风且伴蔷薇住，到蔷薇、春已堪怜。更凄然。万绿西泠，一抹荒烟。

当年燕子知何处，但苔深韦曲，草暗斜川。见说新愁，如今也到鸥边。无心再续笙歌梦，掩重门、浅醉闲眠。莫开帘，怕见飞花，怕听啼鹃。

如果说张炎这词，悲伤幽怨，令人肠断，那么，文天祥的手笔便是壮怀激烈了：

草合离宫转夕晖，孤云飘泊复何依？
山河风景原无异，城郭人民半已非。
满地芦花和我老，旧家燕子傍谁飞？
从今别却江南路，化作啼鹃带血归。

唉，此乃真英雄、大丈夫也！我们有理由相信，文天祥殉国之后，他的魂魄必然如南归的燕子一般，魂兮归来！

如此情重，令人动容。燕子本无心，却见证了几多悲喜。相对而言，刘禹锡的《乌衣巷》就平和多了，有着历经沧桑的厚重，千言万语，凝结成了四句话：

朱雀桥边野草花，乌衣巷口夕阳斜。
旧时王谢堂前燕，飞入寻常百姓家。

真真是，年年岁岁花相似，岁岁年年人不同。当此时节，迎风摇曳的花信风，是海棠花。

海棠花的美艳古来有之，苏东坡曾经写下这样的名句：只恐夜深花睡去，故烧高烛照红妆。

奉劝诸位，当此良辰，千万不要误了花期呀！

春分二候：雷乃发声

依照《月令七十二候集解》，“雷者阳之声，阳在阴内不得出，故奋激而为雷。”于是，五日之后，三候开始，始电。

其实，这记载的是春分时节，冷暖气流交汇引起的云层变化。到了第三候，古人还是从阴阳学说的角度解释，“电者阳之光，阳气微则光不见，阳盛欲达而抑于阴。其光乃发，故云始电。”

就像开篇物候歌所云：雷乃发声天际头，闪闪云开始见电。

然而现在的人们知道，雷电本是大气放电现象，而且由于光速快过音速，在肉眼看来，闪电还要先于雷声。有时，在一些阴雨天气，高空中会传来隐隐的闷雷声，通常情况下大家还没有注意到耀眼的闪电，那雨声便不期而至了。

但是不管怎么说，雷声和闪电本应当作同一个现象解释。就像《易经》所云：“雷电合而章。”

在此，我们顺便对春分三候也有所了解。

春分三候：始电

古人以为，自此之后开始有了闪电。如前所述，雷电本是同一个现象，这里就不再解释了。

此时的雷电，当如西晋傅玄《杂言诗》中描述的柔肠百转：

雷隐隐，感妾心，倾耳清听非车音。
隆隆雷声阵阵响，春雨淅沥下不停。
窗外闻得风飒飒，小儿读书朗朗声。

和夏日霹雳震耳的雷电相比，春天的雷雨似乎温柔了些，然而，还是做一些预防雷雨天气的防备措施为妥。

这段时期，应时而开的花信风是：二候梨花、三候木兰。

说起梨花，估计有很多人张口就来：忽如一夜春风来，千树万树梨花开。

如此佳句，本出自唐朝岑参的《白雪歌送武判官归京》，全诗是这样的：

北风卷地白草折，胡天八月即飞雪。
忽如一夜春风来，千树万树梨花开。
散入珠帘湿罗幕，狐裘不暖锦衾薄。
将军角弓不得控，都护铁衣冷难着。
瀚海阑干百丈冰，愁云惨淡万里凝。
中军置酒饮归客，胡琴琵琶与羌笛。
纷纷暮雪下辕门，风掣红旗冻不翻。
轮台东门送君去，去时雪满天山路。
山回路转不见君，雪上空留马行处。

在该诗中，作者是将塞北的八月飞雪比作了春日梨花开，通篇都是惨兮兮的苦寒凄冷。然而春分时节，梨花争俏，一场春雪悄然而至，也是有可能的——届时，梨花与飞雪只怕也是与天同色了。

只是不知，岑参有知，当作何感想呢？是妙笔生花，再写出千秋佳句呢，还是哀婉农人的艰辛以及春苗的伤痛？

现在我们来说说木兰，它和立春时节盛开的白玉兰实在是牵牵绊绊，不好区别。古人曾经把木兰和玉兰都称为木兰，明代以后就分家了。

二者的不同之处在于，木兰为灌木或小乔木，玉兰是高大乔木。玉兰花洁白如玉，花萼与花瓣常不可分，有9片15片之多；木兰花除了花萼和花瓣分别明显之外，萼片为绿色皮针形（数目3片），花瓣6片，颜色外紫而内白。

白居易曾经《戏题木兰花》，其诗曰：

紫房日照胭脂拆，素艳风吹腻粉开。
怪得独饶脂粉态，木兰曾作女郎来。

如此浓墨重彩，下笔描绘木兰的胭脂之色，也难怪将之比作女郎了！

此诗中的“木兰”二字，本是诗人借用我国古代著名女英雄花木兰的闺名。只是从此以后，木兰又有了女郎花的美誉了。

2. 箫鼓追随春社近，衣冠简朴古风存——习俗

陆游闲居期间写了一首《游山西村》，里面有关于春社的描写，全诗风貌如下：

莫笑农家腊酒浑，丰年留客足鸡豚。
山重水复疑无路，柳暗花明又一村。
箫鼓追随春社近，衣冠简朴古风存。
从今若许闲乘月，拄杖无时夜叩门。

说起陆游，我们知道他是著名的爱国诗人，一生力主抗金。写这首诗

的时候，陆游被朝廷以“交结台谏，鼓唱是非，力说张浚用兵”的罪名罢官在家。于人生理想，他的心情是苦闷的！但是又不曾绝望，于是就有了“山重水复疑无路，柳暗花明又一村”的名句。

在他的眼中，世上最美好的事情，莫过于百姓丰衣足食、国泰民安。陆游与民众，有一种天然的亲和，浑若一体。在这里，他不是什么庙堂之人，而是一个爱喝农家腊酒、和农人一起啃肉吃的老者。

这不，春分时节，陆游和大家一起在欢快的箫鼓声中参加春社祭祀，共庆佳节了。

春社，是我国源自商周颇为古老的民俗节日，其主要目的是为了祭祀土地神，祈求丰收。唐朝之前春社日期并没有固定，甚至还有占卜确定日期的做法；之后就固定在立春后第五个戊日——大约在立春后的第41天至50天，春分前后。但是也有部分地区是在二月初二、二月初八、二月十二、二月十五祭祀土地神。

社，在古代指的是司土地之神。人们基于春华秋实、春祈秋报的美好心愿，分别在春分和秋分两个时节进行祭祀，因此就有了春秋两社，合称为社日。秋社暂且不表，在此我们单说春社。

春社祭祀分为官方与民间——

官方有帝王、诸侯、大夫给天下百姓所立之大社、国社、侯社以及置社。官社祭祀自然有一套隆重庄严的拜祭礼仪，瘗埋祭品、酹酒、滴血于地、杀人衅社等。

民社又称之为里社，由百姓自行捐资举办，主持人自然是德高望重的社首。和官社的肃穆不同，民间祭社有了许多的烟火气息，人们除了拜祭土地神之外，还有敲社鼓、喝社酒、吃社饭等。

譬如鲁迅就写过《社戏》的文章，在里面和一群小伙伴半夜里划船观社戏，半路还“偷”了麦地里阿发家的罗汉豆煮着吃，以至于连母亲准备好的炒米都吃不下了。真是淘气得可以，快乐无忧！

由此可见，春社在民间的受欢迎程度，不但南宋的陆游喜欢，清末的童年鲁迅喜欢，就连唐朝的权德舆也是爱得了不得，那么一个白发苍苍的老汉，写下如此含情脉脉的诗句：

清昼开帘坐，风光处处生。
看花诗思发，对酒客愁轻。
社日双飞燕，春分百啭莺。
所思终不见，还是一含情。

除了春社之外，春分当日，还有古代皇家的祭日和民间的拜神也甚是隆重。但是我怀疑它们是春社拜祭本是一体，分化而来，在此做个基本介绍。

祭日、拜神

先说祭日。从周朝起，历朝历代便有春分这一天祭日的仪式。此俗历代相传。《礼记》有“祭日于坛”的记载，唐朝一代鸿儒孔颖达对此的解答是：“谓春分也。”

清朝的潘荣陛《帝京岁时纪胜》上说：“春分祭日，秋分祭月，乃国之大典，士民不得擅祀。”这和刚刚讲过的春秋两季的祭社的风俗倒是有一定的契合之处。无独有偶，元朝时曾律法禁止民间春社祭祀，一经发现便将神案、锣鼓等设施没收：在官方看来，春分祭拜是异常庄重的，岂容民间染指。

现在继续将话题回到祭日。因为祭日的严肃性，每个朝代的帝王都会在都城郊外建立日坛、月坛。身为六朝古都，南京至今尚有“六朝祭坛”遗址；北京的日、月坛更是保存完好，一如从前。

日坛始建于公元1530年（明代嘉靖九年），位置在北京朝阳门外东南，也叫作朝日坛，是明、清两代皇帝于春分当日祭祀大明神之所。

朝日坛坐东朝西，帝王祭祀的时候站在西方、面朝东方行礼，恰好可见旭日东升。整个朝日坛为圆形，“坛台1层，直径33.3米，周围环以矮形围墙，东南北各有棂星门1座。西门为正门，有3座棂星门，以此相区别。墙内正中用白石砌成一座高1.89米，周围64米方台，叫作拜神坛。”

明朝时朝日坛的坛面全部由红色琉璃铺砌，象征大明神太阳。到了清朝，竟然全部换成青灰色方砖，真是令人扼腕！

据有关资料记载，明朝时皇帝祭日，“用奠玉帛、礼三献、乐七奏、舞八佾、行三跪九叩大礼”；清朝是“迎神、奠玉帛、初献、亚献、终献、答福胙、车馔、送神、送燎等”。仪式甚为隆重。祭日的吉时在春分的卯刻，每逢甲、丙、戊、庚、壬年份，由皇帝亲自祭祀，其他年份则由官员代为祭祀了。

再说拜神。春分节日，官方看重，民间也希望获得神灵保佑，吉祥如意。有拜土地神的、也有拜神农氏炎帝的、也有福建漳州拜祭守护神“陈圣王”的。总之，怎么吉利怎么来，怎么开心怎么来，其乐融融。

你看唐朝的王驾多么潇洒：

鹅湖山下稻粱肥，豚栅鸡栖半掩扉。
桑柘影斜春社散，家家扶得醉人归。

竖鸡蛋、制秤、校秤，酿春分酒

或许是春分气候上的特殊性，我国很多地区还有在这一天竖鸡蛋的传统，正所谓：春分到，蛋儿俏嘛！

同样的道理，春分节制秤、校秤也是流传已久的传统。

浙江、山西、甘肃、山东等地都有春分当日酿酒的传统。据浙江《于潜县志》记载:"'春分'造酒贮于瓮，过三伏糟粕自化，其色赤，味经久不坏，谓之春分酒。"

如此美酒，可谓色香味俱全矣!

山西文水、山东淄博不仅在春分日酿酒，更有移花接木的习俗。所谓移花接木，相当于现在公历3月12日的植树节。无论是有心栽花，还是无意插柳，成活率都很高。清朝的宋琬也写诗一首：

野田黄雀自为群，山叟相过话旧闻。
夜半饭牛呼妇起，明朝种树是春分。

却原来，春日田家也是滋味甚美!

吃太阳糕、粘雀子嘴、吃春菜

太阳糕应当是皇家祭日用的供品，渐渐流传到了民间。太阳糕的主要食材是糯米，里面包了糖、枣泥、白瓜仁等馅料，然后在圆形的糕点上印上红红的小鸡像——想必是取自金鸡报晓，旭日东升之意，或者印有红色的太阳。

如此具有民俗风味的美食，不但可以应节图吉利，也暗合了春季"宜省酸增甘"的养生理念，岂不美哉!

人们除了用糯米做太阳糕之外，也会做一些汤圆煮熟，用细竹签串上二三十个插到田边地头，据说麻雀之类的飞鸟吃了会被黏住嘴巴，这样就不再啄食庄稼了——这个有趣的民俗叫作粘雀子嘴。

最后，让我们随着春天的脚步到田野间采摘春菜吧！不知不觉收获甚多，回到家中为全家人滚了清香诱人的春汤水喝，求的是"春汤灌脏，洗涤肝肠。阖家老少，平安健康"。

第五节 清明

1. 芳菲三月报清明，梧桐枝上始含英——候应

芳菲三月报清明，梧桐枝上始含英；
田鼠化鴽人不觉，虹桥始见雨初晴。

清明是农历三月之节，更是二十四节气中的第五个节气，于每年公历4月4日—6日交节，此时太阳到达黄经15度。

清明有天清地明之意。《历书》上说，“春分后十五日，斗指丁，为清明，时万物皆洁齐而清明，盖时当气清景明，万物皆显，因此得名。”

当此时节，杨柳青青，我国大部分地区的日平均气温达到12℃以上，雨量渐增。蒙蒙细雨中，但见景色清秀，鲜花娇艳，令人心旷神怡。

恰如宋代词人晏殊所云：

燕子来时新社，梨花落后清明。池上碧苔三四点，叶底黄鹂一两声。日长飞絮轻。

巧笑东邻女伴，采桑径里逢迎。疑怪昨宵春梦好，元是今朝斗草赢。笑从双脸生。

仲春之末，芳菲三月报清明，正是一年好时节。无论是飞来飞去的归来之燕、还是渐次凋零的梨花、那池上碧苔、娇啼婉转的黄鹂，都让词中的少女感到莫名的欢欣鼓舞——怪道是昨晚做了那好梦，原来是今朝斗草

赛要拔头筹的吉兆呵！

于是，少女的脸上泛出了盈盈笑意。

此时，不但闺中少女的心思是跳跃的，就连地里的农人亦是紧张而又兴奋的："清明前后，种瓜点豆""清明时节，麦长三节"。

正是春耕春种好时候啊，此时不待，更待何时？

清明初候：桐始华

《逸周书·时训解》上说，清明初候"桐始华"。古人以为桐树可分为三种，白桐、青桐和油桐。

依照现代植物分类来看，青桐和白桐并非同科同属。前者属于梧桐科梧桐属，而后者属于玄参科泡桐属。不过它们在外形上并不好分辨，就像明代冯复京《六家诗名物疏》卷十五所云："桐种大同小异，诸家各执所见，纷纷致辩，亦不能诘矣！"

民间常说，家有梧桐树，引得凤凰来。这里的梧桐指的是青桐，花期在夏季，花朵小而呈淡黄绿色，并非清明之花；反之，白桐（也叫泡桐）则在春天开花，花朵大，颜色有白、紫两种。

由此可见，清明桐始华应当是指白桐开花。《月令七十二候集解》也说，"今始华者乃白桐耳。"华，是花的意思。

唐朝的崔护写了一首诗，颇为应景，名字叫《三月五日陪裴大夫泛长沙东湖》：

上巳馀风景，芳辰集远坰。
彩舟浮泛荡，绣毂下娉婷。
林树回葱蒨，笙歌入杳冥。
湖光迷翡翠，草色醉蜻蜓。
鸟弄桐花日，鱼翻谷雨萍。
从今留胜会，谁看画兰亭。

诗中的上巳节，也叫三月三，是汉朝民间传统节日，与清明时节非常相近。

在古人眼中，青桐也好、白桐也罢，皆非寻常之物。或许是由于其树身高大，桐花烂漫开遍枝头，傲视群芳，便显得卓尔不凡。于是时有文人高士以此明志，比如唐朝的李商隐，就曾经为韩偓写过一首诗：

《韩冬郎即席为诗相送》

十岁裁诗走马成，

冷灰残烛动离情。

桐花万里丹山路，

雏凤清于老凤声。

韩偓，小字冬郎，乃是李商隐的姨侄；其父韩瞻，本是李商隐连襟兼故交。有一年，李商隐准备离开京城远赴梓州，送别的家宴上年仅十岁的韩偓当场赋诗一首，惊艳了在座宾客。大中十年，李商隐回到长安后，重读韩偓当年诗句不由感慨万千。便题赠了两首七绝，该诗乃是其中第一首。

李商隐果然没有看走眼，小小冬郎，不仅仅是才华高于其父，多年后，更是高中进士，贵为翰林学士，一生诗作颇丰。

“桐花万里丹山路，雏凤清于老凤声。”从此成为千载名句，不断被后人引用，以此比喻青年才俊。

清明二候：田鼠化为鴽

《尔雅》上说，田鼠也叫鼫鼠，其形大如鼠，头似兔，尾有毛，青黄色，好在田中食粟豆。

鴽，音如。《本草纲目》和《黄帝内经素问》都分别有过记载：“鴽鹑也，似鸽而小”。《尔雅》认为是“鴾母”。

鴾，音谋。鴾母在古籍记载中，是一种和鹌鹑相似的鸟类。鴾母是青州人的称呼，和鴽鸟是一码事。

古人认为田鼠阴类，鴽鸟阳类。阳气盛则鼠化为鴽，阴气盛则鴽复化为鼠。

简单地说，应是喜阴的田鼠不见了。它到哪儿去了呢？不外乎找了个地洞钻起来了，而喜爱温暖的鴽鸟，此时却出现在人们的视线中。

就是这么简单！阴阳转换的是气候、是季节，田鼠和鴽鸟这样的动物只是根据自身的习性，正常生活而已。

此时的花信风，当是麦花。

诗圣杜甫《为农》诗写得好：

锦里烟尘外，江村八九家。
圆荷浮小叶，细麦落轻花。
卜宅从兹老，为农去国赊。
远惭句漏令，不得问丹砂。

杜甫的诗从来都是这般接地气，想必诗人当时，已经畅想到麦浪滚滚吧。

清明三候：虹始见

等到清明三候，雨后的天空已经可以见到彩虹了。

虹，虹蜺，还有个别名叫作螮蝀（音地东）。从解字的角度讲，虹蜺二字皆带虫部；虹为雄色，赤白，蜺为雌色，青白。《说文》上说，曾有人见虹进入小溪饮水，脑袋长得像驴。

这种说法就有点神话的意味了，与此类似的有阿拉伯的传说：他们认为彩虹是是光明神哥沙赫的弓，当光明神需要休息的时候就把弓——也就是虹，挂在了云端。

同样是出自《集解》，引用《注疏》的解释就理性多了。其中的观点认为，此时彩虹的出现，是由于阴阳交会，云薄漏日，太阳照在雨滴上产生的。这种说法和现今科学解释——光照在雨滴上经过折射、分光等一系列光学反应的结果，有一定的相似之处。

而理学家朱熹则认为，虹蜺是由于天地间的阴阳不当相交，引起的所谓淫气。在这样的观点下，天边出现漂亮的彩虹反而是不吉利的现象了。

咱们浪漫的诗仙李白可不管那么多，有一次他在镇江往东的焦山上看见了彩虹，顿时如孩童般欢欣雀跃：

石壁望松寥，宛然在碧霄。
安得五彩虹，驾天作长桥。
仙人如爱我，举手来相招。

别说，假若世间真有这样的彩虹桥，怕是有很多人要奋不顾身地上去走一走了。你看宋代的黄庭坚也不肯示弱：

瑶草一何碧，春入武陵溪。溪上桃花无数，枝上有黄鹂。我欲穿花寻路，直入白云深处，浩气展虹霓。只恐花深里，红露湿人衣。

坐玉石，倚玉枕，拂金徽。谪仙何处？无人伴我白螺杯。我为灵芝仙草，不为朱唇丹脸，长啸亦何为？醉舞下山去，明月逐人归。

呀！春入武陵溪畔，有桃花点点，耳听黄鹂声声。穿花寻径，却到了白云深处、霓虹之巅……这样美的生活，恐怕只有谪仙才有福消受吧。

当此时节，迎风开放的花信风的不是别个，却是迷乱人眼的柳花——

世人常以柳絮为花，其实不然。按照《本草衍义》记载，柳花本是初生有黄蕊者，待到花干之后，其絮方出。

令人啼笑皆非的是，古今有多少的文人墨客偏爱柳絮的洁白，将错就错地留下了一首首的诗篇。不说别人，且看南宋杨万里的诗：

梅子留酸软齿牙，芭蕉分绿与窗纱。
日长睡起无情思，闲看儿童捉柳花。

柳絮遇风，成团成缕在空中飞舞，犹如飞雪一般，也难怪闲耍的儿童要跑来跑去捉着玩。在这儿，我们且不管他，只把千年前的诗坛前辈当作纠错的例子就好。

2. 清明时节雨纷纷，路上行人欲断魂——习俗

清明时节雨纷纷，路上行人欲断魂。
借问酒家何处有，牧童遥指杏花村。

只要提起清明节，相信很多人都会随口咏出唐朝杜牧这首诗，堪称代表之作。

清明扫墓祭祀祖先，在我国有着悠久的历史传统，来历据说和介子推有关。春秋时期，晋国公子重耳流亡在外，介子推是追随者之一。有一天重耳等人被困在野外，又累又饿，四周荒无人烟。当众人手足无措之际，介子推悄悄找了一个无人的地方，在自己的大腿上割下了一块肉，并且炖了肉汤献上去。

就这样，一碗肉汤救了晋国公子一命，得知真相后重耳异常感动。多年以后，重耳返回晋国当上了国君，也就是历史上春秋五霸之一的晋文公。

晋文公对当年的追随者一一进行重赏，唯独忽略了介子推。众人为之不平，介子推什么话也没有说，悄悄带上老母亲回到家乡山西绵山去了。

醒悟过来的晋文公忙率人到绵山去请介子推，无奈绵山山高林密，陡峭异常，众人连寻几天也没有找到。在这样的情况下，有人献计从三面火烧绵山，企图逼出介子推。

意外的是，任凭火光冲天，介子推也没有从中走出来！大火之后，众人在绵山一棵烧焦的老柳树下看见两具尸骨：那是介子推背着母亲的遗骸。

却原来，母子二人是被活活烧死的。或许，清明时节的纷纷细雨，是苍天洒下的哀痛之泪吧！

据说，介子推留下了一首《无题》：

割肉奉君尽丹心，但愿主公常清明。
柳下做鬼终不见，强似伴君作谏臣。
倘若主公心有我，忆我之时常自省。
臣在九泉心无愧，勤政清明复清明。

晋文公大哭！介子推死的这一日，被定为了寒食节，举国上下禁火吃寒食，以此纪念介子推。

正所谓：

子推言避世，山火遂焚身。
四海同寒食，千秋为一人。
深冤何用道，峻迹古无邻。
魂魄山河气，风雷御宇神。
光烟榆柳灭，怨曲龙蛇新。
可叹文公霸，平生负此臣。

这首诗出自唐代诗人卢象，诗中的文公霸指的就是晋文公姬重耳。日后，他文治武功，被列为春秋五霸之一。

令人称奇的是，来年晋文公入绵山祭祀介子推的时候，那棵本已烧焦的老柳树竟然焕发了生机，死而复活。

晋文公颁布天下，这棵老柳树被赐名“清明柳”。同时，寒食节的后一天指定为清明节。

后来，由此衍生了一个风俗：人们在清明节祭祀扫墓时候，往往会在先祖的坟墓添上几钎新土，插上几枝嫩绿的柳枝。

插柳

清明插柳在我国也算是历史悠久，最初人们将柳枝插在屋檐下，是为了预测天气变化。有如民谚所述：“柳条青，雨蒙蒙；柳条干，晴了天。”

后来，随着佛教在我国的兴起，观世音菩萨的形象深入人心。这位主管平安的菩萨手中常常托着一个净瓶，里面插着杨柳枝，只要看见有人受危难就用柳枝洒水普度众生。久而久之，青青杨柳枝也有了平安的寓意。

其实，对于我国古代文人墨客来说，他们更看重折柳相赠的依依惜别情——柳与留谐音。

比如唐朝的王之涣就写过这样一首《送别》诗：

杨柳东风树，青青夹御河。
近来攀折苦，应为离别多。

相比之下，《采薇》中“昔我往矣，杨柳依依。今我来思，雨雪霏霏。”更为缠绵悱恻。

此情此景，也算是此情绵绵无绝期了。

踏青

清明时节好风光，人们怎么会错过郊外踏青呢？

踏青，也叫探春、寻春。

南宋的吴惟信在西湖游玩，写了一首《苏堤清明即事》：

梨花风起正清明，游子寻春半出城。
日暮笙歌收拾去，万株杨柳属流莺。

依我看，再没有比这更好的清明诗了，无论是迎风起舞的梨花、寻春的游子，还是杨柳间婉转穿行的黄莺鸟，都有一种压抑之后的放纵，而那日暮中的笙歌袅袅，更是他们敞开心灵飞往明天的春之音。

同样是郊外寻春，苏小小的诗就显得哀婉、空灵多了。

有一首《苏小小歌》，作者已经无法考证。据说是南朝民歌，最初载于《玉台新咏》，全文如下：

妾乘油壁车，郎跨青骢马。
何处结同心，西陵松柏下。

该诗以一个女子的口吻，重现了一队青年男女郊外踏青，并且订下终身的情景。

苏小小是谁？她乃南齐钱塘第一名妓，更是古来文人骚客心目中那一缕永远流连在山水之间的魂魄。在他们的心目中，小小就是这般善解人意的绝色女子，心窍玲珑。所以，也薄命。

诗鬼李贺题了一首《苏小小墓》：

幽兰露，如啼眼。无物结同心，烟花不堪剪。

草如茵，松如盖。风为裳，水为佩。

油壁车，夕相待。冷翠烛，劳光彩。

西陵下，风吹雨。

唉，这样一个清冷绝色、不食人间烟火的女子，好似不属于凡间所有。或许，他们才是知音。

想来是清明的缘故吧，字里行间，总是摆不脱的相思滋味。

放风筝、荡秋千、蹴鞠

郑板桥写过一首风筝诗：

纸花如雪满天飞，娇女秋千打四围。

五色罗裙风摆动，好将蝴蝶斗春归。

在这首诗中，出现了放风筝和荡秋千的场景，两者都是清明时节人们热爱的民俗活动。

风筝，也叫纸鸢，它是我国古代一大发明。相传，春秋战国时期，墨子花费了三年的时间做了一只木鸟，就是最初的风筝；后来，鲁班将其改造为更为精巧的木鹊；直到东汉的蔡伦改进了造纸术，开始有了纸做的风筝，这就是纸鸢。

自从纸鸢问世后，不同的朝代一直有人试图将其改造成为送信，或者测量距离的工具，但是都未能成功；随着纸张的普及，它渐渐成为人们嬉戏的工具；后来人们将丝竹，或者竹笛之类的音乐小器具装在上面，随风升空的时候发出悦耳的鸣声，于是就有了风筝之名。

宋朝的周密在《武林旧事》中有这样的记载："清明时节，人们到郊外放风鸢，日暮方归。"从此成为固定习俗，流传到现在。

人们在清明放风筝的时候，颇有一些讲究：当风筝飞到高处，便剪断牵线，据说可以带走所有的灾难，从此好运连连。

除了放风筝之外，人们还喜欢在户外荡秋千。据说是北方的山戎民族所创，当时叫作千秋，两手只能抓住一根绳子荡漾，目的是为了训练身体的敏捷程度。

春秋战国时期，齐桓公征伐山戎，将千秋带入了中原，自此风靡一时——因为千秋乃宫里的祝寿用词，为了避讳改名为秋千。

后来渐渐发展成为现在这种两根绳子加踏板的形状，成为儿童少年的游戏之物。

清明时节荡秋千，乃是因为气温回暖，景色美、空气好，适合人们户外运动，以便强身健体。

出于同样的目的，蹴鞠也是人们热爱的户外运动之一，其中的热闹程度犹如唐朝诗人王维所写：

清溪一道穿桃李，演漾绿蒲涵白芷。
溪上人家凡几家，落花半落东流水。
蹴踘屡过飞鸟上，秋千竞出垂杨里。
少年分日作遨游，不用清明兼上巳。

蹴鞠，外包皮革，里面塞满米糠，是咱们中国特色的传统足球。据说是远古时期的黄帝发明，目的是为了训练武士，后来渐渐发展成娱乐性的体育活动。

比如宋朝的人们就爱玩蹴鞠，而且还有专业的蹴鞠队和蹴鞠艺人。《水浒传》里高俅就是玩蹴鞠的好手，从此被宋徽宗另眼相待，仕途发达。

尽管三百六十行，行行出状元，但是像宋徽宗和高俅这样玩物丧志、做事出格就不好了。

第六节　谷雨

1. 三月中时交谷雨，萍始生遍闲洲渚——候应

三月中时交谷雨，萍始生遍闲洲渚；
鸣鸠自拂其羽毛，戴胜降于桑树隅。

谷雨是二十四节气中的第六个节气，更是春季中的最后一个节气。每年公历 4 月 20 日、21 日交节，太阳到达黄经 30 度。

关于谷雨的来历，《群芳谱》有这样的记载："谷雨，谷得雨而生也。"而《通纬·孝经援神契》的解释则更为详细："清明后十五日，斗指辰，为谷雨，三月中，言雨生百谷清静明洁也。"

当此时节，活跃的暖湿气团让雨量明显增多，催生了百谷，可谓一天一个模样。不过凡事都有个量，过度的雨水和干旱的天气都会对农业造成灾害。终年面朝黄土背朝天的农人自然晓得其中的要义，紧抓农时躬耕于田。

唐朝的周朴曾经以旅人的眼光写下了其中景色：

旅人游汲汲，春气又融融。
农事蛙声里，归程草色中。
独惭出谷雨，未变暖天风。
子玉和予去，应怜恨不穷。

相比之下，同样朝代的曹邺就不似那般仓皇，他锄着地还要抽空读一读文章，真是不亦乐乎！

且看他的《老圃堂》：

邵平瓜地接吾庐，谷雨干时手自锄。

昨日春风欺不在，就床吹落读残书。

对一个农人而言，最美的生活莫过于有块围门地，占尽天时与地利，或者种瓜，或者点豆。更何况曹邺这样的农人还识得锦绣文章，竟是世外桃源了，令人好生羡慕！

一草一木总关情，毫无例外，古人将谷雨时节分为了三候。

谷雨初候：萍始生

正所谓草木知时节，鸟鸣报农时。随着谷雨融融暖意，青青浮萍开始生长，很快遍布河沟水渠，荡漾着满满的春色。沥沥的春雨不期而至，敲打着水中浮萍，犹如撒下了一粒粒圆润的珍珠。

只是可惜，谷雨乃是春天里的最后一个节气，恰如曲终人散前的最后一个音符，不由心生遗憾。

你看北宋的史微有感于此，于是写下了一首题壁诗：

谷雨初晴绿涨沟，落花流水共浮浮。

东风莫扫榆钱去，为买残春更少留。

浮萍轻浮，就那么荡漾在水面，永远无着无落的样子。尤其是繁华春色转眼即逝，很容易激起人的情绪起伏。

最断肠，莫过于下面一首《浣溪沙》：

浮萍漂泊本无根，天涯游子君莫问，残雪凝辉冷画屏。落梅横笛已三更，更无人处月胧明。我是人间惆怅客，知君何事泪纵横。断肠声里忆平生。

唉，原来是纳兰性德的词，悲音如此，又怎能不薄命！写了一辈子词，哀怨了一辈子。那一年暮春时节，即便是抱病在身，纳兰也要与好友相聚作词。情到深处，一醉一咏三叹，自此卧榻不起，七日后溘然离世，仅仅三十岁。

原谅我是个俗人，像纳兰这样戚戚哀哀一辈子，我并不欣赏。

阳春三月，还是不要闷在家里气郁伤身，有空多到外面走走好。如此，空气清新，视野辽远，心境也会开阔不少。清代的苏州文人顾禄，人家就乘此佳节大剌剌看牡丹花去了，多么乐呵！

神祠别馆筑商人，谷雨看花局一新。
不信相逢无国色，锦棚只护玉楼春。

能够称得上国色的，也只有牡丹花了。不消多说，牡丹乃是谷雨第一候的花信风，它还有个别称叫“谷雨花”。

谷雨二候：鸣鸠拂其羽

这个鸠不是别物，乃是布谷鸟。此时鸣叫声声，自然是催农时了。《月令七十二候集解》里面引用了《本草纲目》的解释：“拂羽飞而翼拍其身，气使然也。盖当三月之时趋农急矣，鸠乃追逐而鸣鼓羽直刺上飞，故俗称布谷。”

农时虽紧，布谷如此奋不顾身，更是不易。宋代的蔡襄写诗如此：

布谷声中雨满犁，催耕不独野人知。
荷锄莫道春耘早，正是披蓑化犊时。

布谷，又名杜鹃，也叫子归等。李时珍在《本草纲目》中有这样的记载：“杜鹃出蜀中，今南方亦有之，状如雀鹞，而色惨黑，赤口有小冠。春暮即鸣，夜啼达旦，鸣必向北，至夏尤甚，昼夜不止，其声哀切。田家候之，以兴农事。”

杜鹃鸣叫的时节，恰值杜鹃花开。杜鹃鸟的口腔上皮和舌部都是血滴般的殷红色，而杜鹃花亦是满山红遍，古人便展开了想象，以为那是杜鹃啼的血。

唐代有位名叫成彦雄的诗人，他就曾经写下“杜鹃花与鸟，怨艳两何赊。疑是口中血，滴成枝上花。”这样传颂千年的名句。

而李商隐的“望帝春心托杜鹃”则出自一段故事。讲的是，蜀地有位名叫杜宇的君主，号望帝。为了国家的发展大计，他将帝位禅让给一位有才能的臣子，就是后来的丛帝。谁知丛帝即位后，表现却妄自尊大。隐居在西山的望帝看在眼里，急在心里，于是魂魄化作了一只杜鹃鸟。日日悲啼，以致口中流血。

因此，杜鹃鸟便成了悲苦忠贞的象征，人们仿佛听见它在说：“不如归去！不如归去！”

如果说望帝春心托杜鹃是个神话故事，那么，南宋的文天祥则是真实的忠贞之士。他曾经在国破的时候，发出这样的声音：

草合离宫转夕晖，孤云飘泊复何依！
山河风景元无异，城郭人民半已非。
满地芦花和我老，旧家燕子傍谁飞？

从今别却江南路，化作啼鹃带血归。

唉！国破山河在，往事历历在目，难了，难了……倒不如一缕忠魂带血归。

此时，迎风绽放的花信风乃是酴醾，现在写作荼蘼。

宋代的王淇在暮春时节游园，写下了这样一首诗：

一从梅粉褪残妆，涂抹新红上海棠。

开到荼蘼花事了，丝丝天棘出莓墙。

荼蘼开在暮春，花倒是极美，只可惜让人徒增伤悲。荼蘼花开，等于昭告天下，春天就要结束了。

文艺女青年林黛玉，曾经手把花锄出绣帘，泪水涟涟葬了那些姹紫嫣红、万千花事，吟诵出了那首令万千痴情男女断肠的《葬花吟》。

唉！“明媚鲜妍能几时，一朝漂泊难寻觅”，可叹！可叹！

谷雨三候：戴胜降于桑

戴胜鸟，也叫胡哱哱、花蒲扇、山和尚、鸡冠鸟。它长的样子极有特点，头顶有五彩华羽，嘴巴又细又窄，全身的羽毛纹路错落有致，富有美感。

《月令》上说，戴胜是织网之鸟，当它出现在桑树的时候，蚕妇们便要开始辛苦工作了。

古人曾写下不错的戴胜诗：

青林暖雨饱桑虫，胜雨离披湿翠红。

亦有春思禁不得，舜花枝上诉春风。

种桑养蚕，在我国可以追溯到远古时期，黄帝的正妃嫘祖发明了种桑养蚕、抽丝编绢之术，并广推天下，定农桑、制衣裳、兴嫁娶等一系列辅政之策，被后人尊为先蚕。

为了表示对农桑的重要性，从周朝时便有“天子亲耕、王后亲蚕”的礼仪，君民一体，意在劝农。

我国古代著名的思想家孟子，曾经这样说：“五亩之宅，树之以桑，五十者可以衣帛矣。鸡豚狗彘之畜，无失其时，七十者可以食肉矣。百亩之田，勿夺其时，数口之家可以无饥矣。谨庠序之教，申之以孝悌之义，颁白者不负戴于道路矣。”

历朝历代，皆以农桑为首。即便是清朝，尽管之前是游牧民族出身，入关之后也积极吸收农耕文化，建立先蚕坛。现今还有《孝贤皇后亲蚕图》流传于世，其宏大的规模让人为之赞叹。

于是，在唧唧复唧唧的机杼声中，世间女子用一双灵巧的手，织出了一片华彩盛世。

此时，在桑树上栖息的戴胜鸟，用一双美丽的眼睛安静地注视着这一切。

春尽夏来之际，应节而开的是楝花，它是谷雨第三候的花信风，亦是二十四番花信风的最后一花。《本草纲目》记载，楝花是楝科植物川楝或者苦楝的花。花朵呈紫白色，焙干制成粉末可以治疗夏天身上出的痱子。

最后，我们不妨用唐朝温庭筠的《苦楝花》和春天依依惜别：

院里莺歌歇，墙头蝶舞孤。
天香薰羽葆，宫紫晕流苏。
晻暧迷青琐，氤氲向画图。
只应春惜别，留与博山炉。

2. 春山谷雨前，并手摘芳烟——习俗

谷雨时节，南方有采摘谷雨茶的习俗，明代的许次纾曾经在《茶疏》中留下这样写道："清明太早，立夏太迟，谷雨前后，其时适中。"

这主要因为谷雨时雨量充沛，气温适中，茶树经过一整冬的贮蓄，使得春梢芽叶肥硕柔嫩，色泽青翠诱人。此时采摘的茶叶气味清香，口感细腻，不但富含多种氨基酸和维生素，而且具有清火明目的功效。所以，在谷雨交节这一天，无论遇到什么样的天气，茶农都要去采一些新茶。

唐朝的齐己在《谢中上人寄茶》一诗中如此描述：

春山谷雨前，并手摘芳烟。
绿嫩难盈笼，清和易晚天。
且招邻院客，试煮落花泉。
地远劳相寄，无来又隔年。

谷雨茶，又叫雨前茶，并非人人可得，在茶农的心里唯有贵客才有资格享用。难怪诗人如此感动，忙呼了邻居且来品尝。自然，煮茶的水亦非寻常，乃是辛苦取来的"落花泉"是也！

还是这位齐己，呼朋唤友品过了谷雨茶尚且不尽兴，又写了一首感怀诗：

枪旗冉冉绿丛园，谷雨初晴叫杜鹃。
摘带岳华蒸晓露，碾和松粉煮春泉。
高人梦惜藏岩里，白硾封题寄火前。
应念苦吟耽睡起，不堪无过夕阳天。

如此雅兴，可以称得上茶仙了。

谷雨茶除了嫩芽外，尚有一芽一嫩叶和一芽两嫩叶。一芽一嫩叶的在水里泡开后，仿若古代展开旌旗的枪，称之为旗枪；一芽两嫩叶的泡开后，好像一种雀鸟的舌头，称之为雀舌。

该诗首句“枪旗冉冉绿丛园”，形容的就是一芽一嫩叶的茶叶泡开后的景象。

有次，唐朝的刘禹锡生病，期间多位朋友前来探望，诗人感动之余特地写了首诗表示谢意，其中就和雀舌有关。其诗曰：

劳动诸贤者，同来问病夫。
填炉烹雀舌，洒水净龙须。
身是芭蕉喻，行须筇竹扶。
医王有妙药，能乞一丸无。

刘禹锡待客甚是有心，虽然在病中也不肯怠慢了客人，忙取出上等的雀舌煮水烹茶。

他填炉取火，或许想起了兜率宫太上老君炼的灵丹妙药，于是顺嘴和客人开起了玩笑。

灵丹妙药虽然是个玩笑话，可是诗人炉子里煮的雀舌茶确有强身健体之效。你看！他不久之后便身体恢复如初，也有心情写诗答谢，玩笑逗趣了。

看刘禹锡喝过了雨前茶，我们继续聊聊美食。比如北方谷雨时节吃香椿的习俗。

吃香椿

北吃香椿南吃茶，话题先从一首无名诗开始：

嫩芽味美郁椿香，不比桑椹逊几芳。

可笑当年刘秀帝，却将臭树赐为王。

这首诗讲的是一个民间传说，西汉末年王莽篡位，要将刘氏子孙赶尽杀绝。光武帝刘秀也曾经被追杀，有一次又累又饿卧倒在一棵桑树旁，恰好桑椹熟透落入了口中，因此得救。刘秀后来做了皇帝想要报恩，却错认了旁边的臭椿树——樗树，封它当了树王。

后果是，桑树被气破了肚皮，椿树臭名远扬，香椿好像也受了点名声上的连累。

诗人大约是认为刘秀没有眼光吧，否则以香椿的美味，既可以让其好好享用一番，也可避免如此乌龙。

传说毕竟当不得真，实际古人将香椿树才称之为椿，臭椿称之为樗。

香椿是一种高档野菜，以滋味鲜香闻名。吃香椿必须是谷雨之前的滋味最美，节气之后香椿芽生长迅速，不但香味散了，就连口感都带了木味。用民间的俗话说，那是“雨前椿芽嫩如丝，雨后椿芽如木质”。

香椿芽上季的时候，农人在细长的竹竿上面绑上一把镰刀，站在树下朝着香椿树的顶端削掠，一簇簇的香椿芽应声落下。之后拿新鲜的香椿芽炒鸡蛋，鲜美的滋味怎样形容都不为过。如果拿到市场上去卖，不仅价格高昂，而且不经预购轻易无法买到。

香椿除味道诱人，营养价值也非常高，含有丰富的维生素 C、胡萝卜素和特有的挥发性芳香族有机物，不但可以令食客健脾开胃，增加食欲，还可以增加免疫力。《陆川本草》记载：“健胃、止血、消炎、杀虫。”

但有一点需要注意，香椿好吃，却也不可过量，每次一小撮就可以了。尤其患有慢性病的，多食容易引发旧病。

走谷雨

聊完了美食，我们就随着穿红着绿的大姑娘、小媳妇儿们到外面“走谷雨”。一来顺道欣赏美丽的自然风光，二来晒晒太阳增强免疫力，三来生命在于运动，筋络通畅了，身体自然健康。

现在我们来看一看陕西渭南白水县城的人们，在谷雨期间是怎样祭祀仓颉的。

祭仓颉

说起仓颉，相信很多人都知道仓颉造字。

仓颉是黄帝时期的史官，原姓侯冈，名颉，号史皇氏，俗称仓颉先师。古籍记载“龙颜四目、生有睿德”。

据传仓颉仰观奎星环曲走势，俯看龟纹背理以及山川形貌、鸟兽爪痕，甚至人的手掌纹路，创造了象形文字。

仓颉造字成功，从此人类开启了智慧，登时惊动了天帝，哗啦啦下了一场密集的谷子雨。据《淮南子》记载，“天雨粟，鬼夜啼”。

这样的谷雨节，颇具神话色彩。

白水县城东北方向有个史官乡，那里有座仓颉庙，汉代以来，便形成了谷雨节祭祀仓颉的传统。祭祀之时，人们先是用八抬大轿抬着仓颉的牌位游街，音乐唢呐齐鸣，演奏有《迎客曲》《雁落沙滩》《百鸟朝奉》等。人们排着整齐的队伍，仪态端庄，表情恭谨，跟在后面直到将牌位恭送到庙。

值得一提的是，祭祀的时候不但有全猪全羊、水果、花式点心等丰盛的祭品，到场的书画名人还要隆重献上自己的得意作品。拜祭完毕后，搭台唱戏，连续庆祝三天三夜，颇为隆重。

禁蝎

除了祭仓颉之外，山西临汾在谷雨这一天要禁蝎，甚至还有专门的木制禁蝎符咒，上面写着：“谷雨三月中，蝎子逞威风。神鸡叼一嘴，毒虫化为水……”木符咒上面自然印有神鸡嘴里衔着虫子的图案。

这种风俗化用了《西游记》里，孙悟空请来昴日星君消灭蝎子精的故事，表达了人们渴望平安、健康的良好心愿。

祭海神

对于南方沿海的人们而言，谷雨是个好日子。

值此时节，成群的鱼儿恰好游到了浅海，捕鱼的旺季到了。渔民们就在谷雨这天准备好肥猪一头、白面大饽饽十个以及鞭炮等物进行海祭，祈求海神保佑他们今年出海平安、鱼虾满仓。

用当地的民谚，这叫作“骑着谷雨上网场”。

桃花水

古人将谷雨时的河水叫作桃花水，用之洗浴据说可以消灾避祸。人们在这一天用桃花水洗浴，还要举行射猎、跳舞等活动庆祝。

相信很多人都能背诵李白的《赠汪伦》：

李白乘舟将欲行，忽闻岸上踏歌声。
桃花潭水深千尺，不及汪伦送我情。

而诗圣杜甫也写下《春水》一诗：

三月桃花浪，江流复旧痕。
朝来没沙尾，碧色动柴门。
接缕垂芳饵，连筒灌小园。
已添无数鸟，争浴故相喧。

其中春色、春意、春水，果然“春来遍是桃花水，不辨仙源何处寻”了！

第二章／四月维夏，六月徂暑

第一节　立夏

1. 立夏四月始相争，知他蝼蝈为谁鸣——候应

立夏四月始相争，知他蝼蝈为谁鸣；
无端坵蚓纵横出，有意王瓜取次生。

立夏是二十四节气中的第七个节气，也是夏季的第一个节气。每年公历 5 月 6 日前后交节，此时太阳到达黄经 45 度，北斗星指向东南，天地始交，万物并秀。

立夏乃是四月之节，“立”字的解释同立春是一样的，建始的意思。春天从此过去了，夏天开始。

“夏”，按照《月令七十二候集解》的说法，“夏，假也，物至此时皆假大也。”假，是大的意思。

从气候学的角度讲，日平均气温稳定在 22℃以上代表着夏季开始。按照这个标准，立夏前后我国大部分地区平均气温徘徊在 18 ~ 20℃左右，东北和西北地区的人们刚好沉醉在一派明媚的春光里，只有福州和南岭以南地区进入真正意义上的夏天。

无论如何，立夏之时人们都能感觉到气温明显升高，雷雨天气增加了。此时，冬小麦扬花灌浆，油菜也接近成熟，夏收农作物已基本定局，所以民谚有“立夏看夏”的说法。

同时，江南地区进入雨季，雨量明显增加，正是早稻插秧的好时候。民间有“多插立夏秧苗，稻谷收满仓”的说法，南方的人们忙得四脚朝天，

插秧、除草、追肥，一刻都不能耽搁。除了早稻之外，茶农们也是忙得汗水落地滴八瓣。他们必须集中力量将茶叶采摘回去，防止老化，而棉农们则因为阴雨连绵的天气，忙着增温降湿、喷药……

总之，在万物繁茂的季节，农民们面朝黄土背朝天，辛苦着、也快乐着。恰如陶渊明《归园田居》一诗所感：

种豆南山下，草盛豆苗稀。
晨兴理荒秽，带月荷锄归。
道狭草木长，夕露沾我衣。
衣沾不足惜，但使愿无违。

立夏初候：蝼蝈鸣

蝼蝈，一种蛙类。

《逸周书·时训》记载，“立夏之日，蝼蝈鸣。”道光年间的进士朱右曾在其编纂的《周书集训校释》这样解释：“蝼蝈，蛙之属，蛙鸣始于二月，立夏而鸣者，其形较小，其色褐黑，好聚浅水而鸣。”

唐末诗人张碧写过一首《山居雨霁即事》，里面提到了蝼蝈，全诗如下：

结茅苍岭下，自与喧卑隔。况值雷雨晴，郊原转岑寂。
出门看反照，绕屋残溜滴。古路绝人行，荒陂响蝼蝈。
篱崩瓜豆蔓，圃坏牛羊迹。断续古祠鸦，高低远村笛。
喜闻东皋润，欲往未通屐。杖策试危桥，攀萝瞰苔壁。
邻翁夜相访，缓酌聊跂石。新月出污尊，浮云在巾舄。
常慕腐儒操，谬习经邦画。有待时未知，非关慕沮溺。

张碧作诗多关心下层劳动人民的疾苦，并非四体不勤、五谷不分之人，蝼蝈鸣叫，作者当是见过。

《月令七十二候集解》对此比较详细，蝼蝈，小虫，生穴土中，好夜出。今人谓之土狗是也。一名蝼蛄，一名石鼠，一名螜（音斛）。各地方言之不同也。

《淮南子》曰蝼蝈鸣，邱螾（蚯蚓）出，阴气始。而二物应之。《夏小正》三月螜则鸣是也。且有五能不能成一技，飞不能过屋，缘不能穷木，泅不能渡谷，穴不能覆身，走不能先人，故《说文》称鼫为五技之鼠。《古今》注又以蝼名鼫鼠，可知《埤雅》《本草》俱以为臭虫，陆德明、郑康成以为蛙，皆非也。

简单地说，集解的作者引用了明代李时珍的《本草纲目》和宋代的《埤雅》等一些古书，认为蝼蝈应当是蝼蛄，一种臭虫子，否认了一些古人古籍蝼蝈是蛙类的说法。

对此，我们基本了解情况就可以。值得一提的是，集解说的这种臭虫子，也叫石鼠、耕狗、拉拉蛄、扒扒狗、土狗崽等。它是一种害虫，常在夜间活动，喜欢沿海、沿河、湖边等低湿地带，尤其是砂壤土和多腐殖质地。

蝼蛄之所以说害虫，是因为它喜欢在土里钻来钻去，这点“松土”的功能倒是和蚯蚓有几分像，只可惜农作物的根部都被它咬坏了。如果说它对人类还有一点益处的话，那就是可以入药，治疗水肿、牙痛、大小便不通等病（见《本草纲目》）。

立夏二候：蚯蚓出

蚯蚓，古称地龙。

五日之后，蚯蚓从泥土里钻了出来，这是立夏的第二个物候现象。《月令七十二候集解》认为，蚯蚓是阴物，因为感受到夏季的阳气而出。

蚯蚓喜欢生活在潮湿且富含有机物的土壤中，白天潜伏在泥土中，夜间爬出，以地面上动植物的碎屑为食。它们在活动的过程中翻开翻去，无形中让土壤变得疏松，提高了肥力，因此很受民众喜欢。

历来有关蚯蚓的诗词很多，比如唐朝的储光羲写的《田家即事》：

蒲叶日已长，杏花日已滋。老农要看此，贵不违天时。
迎晨起饭牛，双驾耕东菑。蚯蚓土中出，田乌随我飞。
群合乱啄噪，嗷嗷如道饥。我心多恻隐，顾此两伤悲。
拨食与田乌，日暮空筐归。亲戚更相诮，我心终不移。

储光羲是田园山水派诗人代表性人物之一，开元年间曾高中进士，可惜仕途中不得意。诗中作者以田园生活自得其乐，如同农人一般晨起耕作，日暮而归。

初夏时光在他眼中变得异常美丽、安宁，那土中的蚯蚓、空中的飞鸟，都让他觉得欣慰，甚至将吃食也拨给它们一半，但求心安。即便是面对亲友不解乃至讥诮的言语，他亦一笑置之。

《诗经·邶风·柏舟》有这样一句话："我心匪石，不可转也。"

作者想要的，或许就是这样一颗心。

初唐时期的卢仝也写了一首和蚯蚓有关的诗，名字叫作《夏夜闻蚯蚓吟》：

夏夜雨欲作，傍砌蚯蚓吟。念尔无筋骨，也应天地心。
汝无亲朋累，汝无名利侵。孤韵似有说，哀怨何其深。
泛泛轻薄子，旦夕还讴吟。肝胆异汝辈，热血徒相侵。

在诗人的笔下，蚯蚓是一个无亲朋之累、无名利之心的高洁之士。但是他误会了，夏夜鸣叫的是蝼蛔，并非蚯蚓。

如果这样推究起来，蚯蚓也算得上默默无名、甘于奉献之士了。

立夏三候：王瓜生

《月令》认为，“王瓜色赤，阳之盛也。”

王瓜又名土瓜、雹瓜、老鸦瓜、野甜瓜等，产于我国华东、华中、华南及西南地区，易生长在山谷密林或灌木丛中。

《月令七十二候集解》说王瓜“生五月，开黄花，花下结子，如弹丸，生青熟，赤根似葛，细而多糁”，可以入药。

王瓜入药，按照各类古籍记载，主清热、生津、消瘀、止热躁大渴。想不到至阳之物，药性如此寒凉，可见阴阳辨证大道通达。

由小及大，可见中华文化之广博精深。我们可从杜甫的《望岳》一诗观阴阳之气势：

岱宗夫如何，齐鲁青未了。

造化钟神秀，阴阳割昏晓。

荡胸生层云，决眦入归鸟。

会当凌绝顶，一览众山小。

2. 朱旗迎夏早，凉轩避暑来——习俗

唐代的刘禹锡写了一首《翠微寺有感》：

吾王昔游幸，离宫云际开。

朱旗迎夏早，凉轩避暑来。

汤饼赐都尉，寒冰颁上才。

龙髯不可望，玉座生尘埃。

该诗的翠微寺在终南山太和谷中，唐高祖武德八年设置，一度在贞观十年废弃；到了贞观二十一年复建为唐太宗的避暑行宫，称为翠微宫，其中寝殿叫作含风殿。

可惜时间不长，贞观二十三年的初夏，含风殿尚是凉风习习，唐太宗便崩逝于此。人去山空，翠微宫不复以往繁华，又恢复了翠微寺的面貌。

刘禹锡游览翠微寺时，已是百余年后的事情，早已不复盛唐气象。诗人当时触景生情，心有所感，因此写下该诗，畅想了太宗当年迎夏的盛大场景。

譬如诗中描述的朱旗迎夏，此种习俗从周朝起就有，立夏这一天皇帝要亲自率领满朝文武到京城南郊迎夏，祭祀神农氏炎帝以及火神祝融。

夏季炎热，五行属火。为了应节，迎夏的所有人员身着的礼服都是红色的，甚至于他们佩戴的玉石、乘坐的马车、包括车上的旗帜，无一不是鲜艳的朱红色——出自《礼记·月令》：“立夏之日，天子亲率三公、九卿、诸侯、大夫，以迎夏于南郊。还返，行赏、封诸侯、庆赐遂行，无不欢悦。”

说到行赏，顺便可以谈谈诗中的“汤饼赐都尉，寒冰颁上才”。

先说汤饼，古人以面食称呼为饼，随着烹饪方式的不同加以变化。如果用火烤，就叫作烧饼；如果用水煮，就叫作汤饼。

北魏年间的《齐民要术·饼法》对此有着详细的记载：“挼如大指许，二寸一断，著水盆中浸，宜以手向盆旁挼使极薄，皆急火逐沸熟煮。非直光白可爱，亦自滑美殊常。”

此种方法到现在仍是一道美食，我们家乡称之为揪片。北宋的欧阳修在《归田录》中记录了它的几个别名：“汤饼，古人谓之不托，今俗谓之馎饦。”

无论是汤饼，还是揪片，或者馎饦，它都是薄薄一片面在沸水中的多种变幻，而唐朝时的人们以为，夏季吃汤饼可以辟恶。

诗中的都尉，有的负责皇帝车马、有的负责随从人员车马。无论怎样，在初夏来临的时刻都挺辛苦。此时吃上一碗皇帝御赐的热汤饼，从里到外出一身汗，却也解了沿途所受的暑湿之气，而且胃里也很舒服，相信一定可以“辟恶”。

再说寒冰。

古人有冬季时将冰块藏于冰窖之中，以供来年夏天使用的习俗。《周礼》上说，“有冰人，掌斩冰，淇凌。注云：凌，冰室也。其事始于此。”

之后，无论是北魏、唐、宋都有此种记载。明朝的刘侗在《帝京景物略》中写道：“立夏日启冰，赐文武大臣。”

如此源远流长的习俗，刘禹锡在翠微寺的联想也是有史有据，随祭的官员捧着一方清凉的冰块谢恩当是实景。

渐渐到了明清两朝，民间也有了冰窖，普通民众也可以在炎夏享受一丝冬季的清凉。

清朝让廉在《春明岁时琐记》中记载：“市中敲铜盏卖梅汤者，与卖西瓜者铿聒远近。”这里的铜盏，指的是盛放冰镇饮料木桶上的铜箍，桶盖上镶嵌有一根铜制的月牙幌子作为特有的标志。

借着这个话题，我们继续聊聊立夏的美食。

立夏饭

宋朝的薛澄写了一首《立夏》：

渐觉风光燠，徐看树色稠。
蚕新教织绮，貂敝岂辞裘。
酷有烟波好，将图荷芰游。
田间读书处，新笋万竿抽。

如我这等俗人，只看到了立夏时节新笋上市，可以炖汤、可以炒肉，滋味鲜美异常。宁夏、温州等地的人们有立夏吃竹笋的习俗，据说吃后可以脚骨硬，而最正宗的做法，是将竹笋切至每根三四寸长，也不剖开，吃的时候夹两根几乎同样粗细的笋一起吃。

诗画家吴藕汀的诗，立夏还有小黄鱼的身影。全诗曰：

多年不见小黄鱼，寄客何来樱笋厨。
立夏将离春去也，几枝蕙草正芳舒。

立夏这一天，我国许多地区的人们有吃五色饭的习俗。材料是赤豆、黄豆、黑豆以及青豆和绿豆，拌和而煮；渐渐发展成为倭豆肉煮糯米饭，搭配苋菜黄鱼羹。不但应节，营养也全面。

除了立夏饭，湖南的人们有喝立夏羹的习惯。立夏羹是用糯米粉和鼠曲草等做成的丸子汤。鼠曲草有化痰止咳、去风寒、解毒的效果，中医讲究药食同源，想来当是不错。难怪民谚说，“喝了立夏羹，麻石踩成坑。”

另外湖北的人们在立夏这天，有吃草莓和虾的习惯。他们认为吃草莓亮眼，而虾可以让身体变得强壮、有力气。

当此时节，一来草莓上市可以吃个新鲜，二来富含维生素C，多吃富含维生素的水果，自然对眼睛是有好处的。至于虾，一来海鲜本来就营养价值高，二来古人认为虾和夏谐音——夏季万物繁茂，借此有个美好的心愿，希望自己的身体可以一样茁壮吧！

关于立夏饭，可以说每个地区的人们都有属于自己的习俗和心愿。除了上面已经介绍的，另外闽东的人们喜欢吃面粉做的“光饼”，其他地区也有吃“立夏糊”“七家粥”等传统。

习俗虽然各不相同，人们借着如此美好的由头，在初夏时分相聚在一起，本身就是最重要的事。

且看宋人郭应祥的《踏莎行》：

骤暖忽寒，送春迎夏。金沙过了酴醾谢。漏声款款日偏长，奇峰历历云如画。

幸有杯觞，堪同保社。棋如飞雹晴空下。六人酬唱已成编，他年遂水留佳话。

斗蛋

大人们欢乐相聚，儿童们也不示弱。立夏这一天中午，孩子们迫不及待地让大人将套在丝网袋的煮鸡蛋给挂在脖颈，兴冲冲找小伙伴们斗蛋去了。

斗蛋时，要尖头对尖头，圆尾对圆尾，相互击打。斗来斗去，破者为输。最后蛋尖胜利者为斗蛋界的王者至尊，蛋尾得胜的只能屈居为老二了。

至于那些败军之将，没关系！他们的蛋早就落肚了。

民谚如此："立夏吃了蛋，热天不疰夏。"即将进入苦夏，人容易出汗，同时四肢酸软、食欲不振。其实，这种小儿嬉戏，不过是大人变着方法让他们吃蛋加强营养罢了。

对于大人而言，主要是因为立夏时节的鸡蛋比较便宜，且补充体力，以便应对即将到来的繁重农事。

秤人

立夏秤人的习俗据说和阿斗有关——《三国演义》中刘备的儿子，扶不起的阿斗。

当年诸葛亮七擒孟获，孟获心服口服，从此唯诸葛亮马首是瞻。后来刘备崩殂，阿斗继位为蜀国君主。诸葛亮临终吩咐孟获每年拜见蜀主一次，这一天恰好是立夏。

后来蜀国灭亡，阿斗被晋武帝所掳。孟获担心阿斗吃亏，于是告诉晋武帝每年这一天都要来秤人，若是阿斗少了斤两，便要派兵攻晋。司马炎无奈，只能好吃好喝将阿斗供养起来，立夏当天为了增重，中午提供的膳食是豌豆糯米饭。

孟获每次远赴晋国秤人，发现阿斗比往年又重了一些，便放心离去。因为孟获此举，刘阿斗在晋国一生平安。

尽管此系传说，民间百姓却希望借一点阿斗的福气，过上岁月静好、一生平安的好日子。于是就有了立夏午后秤人的习俗。

既然是图吉利，秤人的时候一些吉利话必不可少。如果小孩，负责秤重的人会说："秤花一打二十三，小官人长大要出山"，如果是老人，则说，"秤花八十七，活到九十一"等。

总之，打秤花只能由小到大，不能大到小。

第二节　小满

1. 小满瞬时更叠至，闲寻苦菜争荣处——候应

小满瞬时更叠至，闲寻苦菜争荣处；
靡草千村死欲枯，微看初暄麦秋至。

小满是二十四节气中的第八个节气，每年公历 5 月 21 日前后交节，此时太阳到达黄经60度。其名字来历《月令七十二候集解》这样记载，“四月中，小满者，物至于此小得盈满。”

简单地说，此时夏收作物开始灌浆饱满，却还没有成熟，小满而已。

从气候学的角度，进入小满节气后全国各地都陆续进入真正意义上的夏季，降水量明显增多，南北温差缩小。

此时我国关于小满的民间谚语非常之多，而且特色分明。比如黄河中下游有“小满不满，麦有一险”的说法；长江中下游则是“小满无雨，芒种无水”“小满不下，黄梅偏少”，这表达了人们对于雨水的渴望。

南方地区恰恰相反，他们口头禅是“小满大满江河满”，这段时间人们的工作重心当是防汛。

总之，小满之时夏收在望，农人殷殷期盼唯愿粮食满仓。

小满初候：苦菜秀

关于苦菜，《月令七十二候集解》如此说：“初候，苦菜秀。《埤雅》以荼为苦菜，《毛诗》曰谁谓荼苦（荼即荼也。故韵今荼，注本作荼）是也。

鲍氏曰，感火之气而苦味成。《尔雅》曰不荣而实谓之秀，荣而不实谓之英，此苦菜宜言英也。蔡邕月令以谓苦荬菜，非。”

咱们依次解之：

《埤雅》为宋代陆佃所著，这是一部解释名物的古籍，如释兽、释鸟、释虫、释马、释木、释草等，是辞书之祖《尔雅》的补充。

在这本书中，作者以荼为苦菜，语出《诗经·邶风·谷风》，全诗如下：

习习谷风，以阴以雨。黾勉同心，不宜有怒。采葑采菲，无以下体？德音莫违，及尔同死。

行道迟迟，中心有违。不远伊迩，薄送我畿。谁谓荼苦？其甘如荠。宴尔新昏，如兄如弟。

泾以渭浊，湜湜其沚。宴尔新昏，不我屑矣。毋逝我梁，毋发我笱。我躬不阅，遑恤我后！

就其深矣，方之舟之。就其浅矣，泳之游之。何有何亡，黾勉求之。凡民有丧，匍匐救之。

不我能慉，反以我为雠，既阻我德，贾用不售。昔育恐育鞫，及尔颠覆。既生既育，比予于毒。

我有旨蓄，亦以御冬。宴尔新昏，以我御穷。有洸有溃，既诒我肄。不念昔者，伊余来塈。

谁为荼苦？这里的荼，就是苦菜。

诗中的女子以苦菜自比，用如泣如诉的语调回忆了被丈夫抛弃的情景。当初，他们丈夫新婚的时候，也有过其甘如荠（甜菜）的幸福时光，二人如兄如弟将家庭生活打造得蒸蒸日上。只可惜随着家境的好转与发达，男人移情别恋另取新妇，将之前的糟糠之妻逐出家门。

集解中提到的《毛诗》，其实就是现今大家都熟悉的《诗经》。因为是由西汉时鲁国的毛亨和赵国毛苌所编，所以简称《毛诗》。

本书作者认为荼，就是今天的茶。而东汉时期的《蔡邕月令》则认为小满初秀的苦菜，应当是苦荬菜。

蔡邕的名字可能有些读者感到陌生，不过说起他女儿蔡文姬，以及著名的《胡笳十八拍》，大家就明白了。

蔡邕是曹操的老师，蔡文姬当年流落胡地，曹操用白璧一双、黄金千两将其赎回，乃是因为蔡邕的缘故。

《诗经·邶风·谷风》中被丈夫抛弃的女子心如苦菜，被南匈奴掠夺胡地十余载的蔡文姬心中又怎能不苦！否则《悲愤诗》从何谈起？

其实，她们都是被生活荼毒过的可怜女子，只是后者更为自尊、自强。

再说苦荬菜，也叫活血草、苦丁菜、败酱草等，叶子细长有若锯齿一般，开黄花、白花（和野菊花有点类似）。这点倒是符合《康熙字典》，“一名荼草，一名选，一名游冬。叶似苦苣而细，断之白汁，花黄似菊”的特征。

苦荬菜虽然长在初夏，感火气而生，滋味甚苦。却性凉，是治疗肺痈高热、咳吐脓血、热毒疮疔、疮疖痈肿等疾病的良药。

小满之时，苦菜繁茂，不妨多采摘一些或者拌菜，或者熬汤。虽然入口苦了一些，余味却是清凉舒适。正所谓，先苦而后甜。

小满二候：靡草死

靡草因为枝叶靡细而得名，颇为形象。

《礼记》上说，“凡物感阳而生者则强而立，感阴而生者则柔而靡，谓之靡草，则至阴之所生也，故不胜至阳而死。”

靡草因为至阴至柔的特性，生之茂盛之时但凡有风刮过，必然随势而倒。虽然可恨，但也可怜。唐朝的雍陶写了一首《伤靡草》：

靡草似客心，年年亦先死。

无由伴花落，暂得因风起。

雍陶，字国钧，四川成都人氏。于大和八年进士及第，诗词方面颇有才气。有一则和他有关的典故，很有趣味。

唐宣宗大中八年（公元854年）的时候，诗人出任简州刺史。有一次他出城送客，看到有一座“情尽桥”，便问起身边的随从是何来历。

随从答道：“送迎之地止于此。”

雍陶听后大约是感到寡薄了，便在桥柱上了题写了“折柳桥”三字，且赋诗一首：

从来只有情难尽，何事名为情尽桥。

自此改名为折柳，任他离恨一条条。

世人皆说雍陶恃才傲物，薄于亲党。依我看，他竟是风雅有趣、有情有义之人。无论是卑微的靡草、还是默然伫立的普通小桥，都让他赋予了灵秀之气，情深意长。

当初夏的阳光普照大地的时候，靡草的生命也结束了。不过，雍陶不管那么多，他是宁愿辞官不做，也要寄情于山水之间与花草树木为伴的。

小满三候：麦秋至

三候原本是小暑至，后《金史志》改麦秋至。《月令》记载：“麦秋至，在四月；小暑至，在五月。小满为四月之中气，故易之。秋者，百谷成熟之时，此于时虽夏，于麦则秋，故云麦秋也。”

从中我们知道了麦秋的来历，秋天本是百谷成熟的季节，但是对于小麦来说它的秋天已然来临。

此时更不可掉以轻心，便如民谚所云：

小满小麦粒渐满，收割还需十多天。
收前十天停浇水，防治麦蚜和黄疸。

宋朝的欧阳修也喜滋滋地写下了《小满》一诗，俨然一派丰收在望的喜悦心情：

夜莺啼绿柳，皓月醒长空。
最爱垄头麦，迎风笑落红。

从来民以食为天，古今多少事都可化繁为简，如此甚好！

2. 小满田塍寻草药，农闲莫问动三车——习俗

还是出自吴藕汀的诗画作品，《小满》：

白桐落尽破檐牙，或恐年年梓树花。
小满田塍寻草药，农闲莫问动三车。

诗的前两句且不去管他——春风远去，花事便了，无论白桐，还是梓树花，万千繁华已是过往，咱们且说当下。

田塍，通俗说就是田埂的意思。

小满时节，大江南北的人们都有挖草药、吃野菜的习俗。

古人讲究药食同源，田间地头蓬勃生长的青青野草，看似不起眼但各有药性。农人们下田归来随便采一些就可以凑合一餐，有蒲公英、灰灰菜、扫帚苗，还包括上面提到的苦荬菜等，既可充饥又可治病，一举两得。

经年在地头劳作的农民，对各种野菜的药性了然于胸，他们晓得什么季节吃什么野菜，和怎样的食材搭配，有着怎样的滋味，简直是如数家珍。

谈过了草药经，我们再聊动三车。

动三车是江南地区的习俗，指的是水车、油车和丝车。

值此时节，江南地区正是早稻追肥、中稻插秧的忙碌阶段，如果水源无法保证，就会造成田坎干裂的现象，无法耕作，于是人们就会及早安排，动用水车灌溉农田。

传说中，水车乃是一条白龙，因此小满这一天有祭祀车神的习俗。

人们将鱼肉、香烛、白水，这些祭祀用品放置在车基上，拜祭时将白水泼入田间，祝福水源涌旺。之后，在族长的指挥下，众人齐蹬水车将河水引入水田。

在旧时，若是小满时节漫步江南水乡，人们踩踏水车提水，或者用牛来转动水车的场景便会映入眼帘。众人碌碌，一派繁忙。

除了引水入田，此时的油菜也成熟了，需要人们到油坊用油车舂打成菜籽油；与此同时，正是蚕妇煮蚕茧，开动缫丝的繁忙时节。对此《清嘉录》也有记载："小满乍来，蚕妇煮茧，治车缫丝，昼夜操作。"

这就是小满时节动三车的由来，热闹繁忙有如宋时的范成大《缫丝行》所言：

小麦青青大麦黄，原头日出天色凉。
妇姑相呼有忙事，舍后煮茧门前香。
缫车嘈嘈似风雨，茧厚丝长无断缕。
今年那暇织绢着，明日西门卖丝去。

忙归忙，此诗甚是欢乐，也写实。相比之下同时代的邵定就有点郁闷了：

缫作缫车急急作，东家煮茧玉满镬，西家卷丝雪满篗。
汝家蚕迟犹未箔，小满已过枣花落。

夏叶食多银瓮薄，待得女缫渠已着。

懒归儿，听禽言，一步落人后，百步输人先。

秋风寒，衣衫单。

也别怪人家唠叨，的确是“一步落人后，百步输人先”，待到天凉时，那衣衫单薄的清苦日子谁能受得了。经此一事，想来邵家后辈从此慎重了。

看麦梢黄

关中地区有看麦梢黄的习俗，此时麦穗初齐，待到黄时便可收割。结了婚的女儿心内挂念，便要回娘家问问父母夏收准备的如何。若是和自家麦熟相隔那么三两天，便是抢着时间也要回家搭把手。

女儿回家，也没什么好的礼物，通常是做一些油旋馍之类的面食以及应节的蔬菜水果。

其实，父母心中的忧虑一点不比女儿轻松，他们也记挂着女儿家的麦收情况。不然怎么会有这样的民谚，“麦梢黄，女看娘，卸了杠枷，娘看冤家”。

怕只怕，麦子抢收之时，谁也帮不了谁！所以，但凡麦子到家的那一天，娘也就卸下这副杠枷了。那时候，娘就要去看看女儿了——看一看，娘的小棉袄，心头的小冤家！

还是以欧阳修的诗做个收梢吧，《归田园四时乐春夏二首（其二）》：

南风原头吹百草，草木丛深茅舍小。

麦穗初齐稚子娇，桑叶正肥蚕食饱。

老翁但喜岁年熟，饷妇安知时节好。

野棠梨密啼晚莺，海石榴红啭山鸟。

田家此乐知者谁？我独知之归不早。

乞身当及强健时，顾我蹉跎已衰老。

夏忙会

夏忙会，也是庙会的一种。庙会文化在我国源远流长，后来逐渐演变成物资交易市场，时间通常是三到五天。每年各地基本都有独具特色的庙会活动，每逢此时临近村庄的人们齐聚于此，购买一些铁锹、竹筐之类的生产用具，或者猪仔、鸡仔以及换季需要的服装等。

比如小满时节的夏忙会，人们将田地的工作安排妥当。白天在庙会上选择自己需要的物资，晚上就在所在地的亲戚朋友家小聚，聊聊家常、喝喝小酒，或者一起到庙会看戏。锣鼓喧天中，听台上的生旦净末丑演尽世间悲欢离合；台下的观者疲惫之情顿时一扫而空，身心得到了彻底的放松。

如此劳逸结合，才是人生百味。如同一首无名诗所言：

惊蛰乌鸦叫，小满雀来全。
送走三春雪，迎来五月天。
江南频落雨，塞北屡经寒。
节令轮流去，黎民望瑞年。

无论四季怎样流转，节令如何变化；天地未变，人心未变。如此，才能国泰民安、幸福万万年。

第三节　芒种

1. 芒种一番新换豆，不谓螳螂生如许——候应

芒种一番新换豆，不谓螳螂生如许；

䴗者鸣时声不休，反舌无声没半语。

芒种是二十四节气中的第九个节气，每年公历6月5日前后交节，此时太阳到达黄经75度位置。所谓芒种，可分开解释：芒，是指麦类等有芒的农作物可以收获了；种，指谷黍类农作物播种的时节到了。

《月令七十二候集解》记载，“五月节。谓有芒之种谷可稼种矣。”也就是说，按照我国农历芒种乃是五月交节。此时，我国大部分地区气温明显升高，雨量充沛，有时还会出现大风、暴雨、冰雹、干旱等极端天气。要注意防止自然灾害，抓紧时机抢收抢种。

大江南北的人们争分夺秒，如同民谚所云，“有芒的麦子快收，有芒的稻子可种。”三夏农忙就此拉开序幕。

东北地区尤其气温较低，冬、春小麦忙着灌水追肥，稻田秧苗已经插完，而谷子、玉米、高粱、大豆等作物准备二次铲耥。如同辽河流域二十四节气歌所云：“立夏花千树，小满下秧田，芒种忙铲耥。”比较而言，和传统二十四节气的起源地黄河流域，有着一定的差别。

华北地区，作为我国小麦的主要产地，也有“四月芒种麦在前，五月芒种麦在后”的说法。这是因为农历闰月年造成的：逢着闰月，节气或者提前或者退后。在节气提前的情况下，麦子当然要提前收割了。

但是万变不离其宗，河北、山西等地基本在芒种前后开始抢收麦子、种玉米。华中、华南等地区也是一派忙碌景象，稻田插秧、追肥，夏高粱、玉米、黄豆等也要播种。

此时家家辛苦，如同宋朝的楼璹（音熟）所写《耕图二十一道·拔秧》：

新秧初出水，渺渺翠毯齐。
清晨且拔擢，父子争提携。
既沐青满握，再栉根无泥。
及时趁芒种，散著畦东西。

当此时节，同样是五日为一候，每候都有自己独特的候应现象。

芒种初候：螳螂生

螳螂这种生物大家并不陌生，关于它的词语有很多，比如螳臂挡车、螳螂捕蝉黄雀在后等。

芒种刚一交节，翠绿色的螳螂便应时节而生。

螳螂，俗称刀螂，也叫拒斧。

明代李时珍在《本草纲目·虫一·螳蜋》如此记载："蟷蜋（螳螂）两臂如斧，当辙不避，故得当郎之名，俗呼为刀蜋。兖人谓之拒斧。"

果然是螳臂挡车、自不量力啊！因此得名"当郎"，却有几分心酸无奈，可怜可叹！

然而在清代蒲松龄有篇《螳螂捕蛇》的奇文，读过之后不由令人惊异，全文如下：

张姓者，偶行溪谷，闻崖上有声甚厉。寻途登觇，见巨蛇围如碗，摆扑丛树中，以尾击柳，柳枝崩折。反侧倾跌之状，似有物捉制之。然审视殊无所见，大疑。渐近临之，则一螳螂据顶上，以刺刀攫（jué）其首，颠不可去。久之，蛇竟死。视额上革肉，已破裂云。

由此我们可知，世事无绝对。只要掌握了正确的方式方法，以弱制强、以少胜多是有可能办到的。

关于螳螂，古人研究还是比较深刻。

《月令七十二候集解》说，“螳螂，草虫也，饮风食露，感一阴之气而生。能捕蝉而食故又名杀虫。曰天马言其飞捷如马也，曰斧虫以前二足如斧也，尚名不一，各随其地而称之。深秋生子于林木闲，一壳百子，至此时，则破壳而出，药中桑螵蛸是也。”

老实说，对螳螂冠以杀虫二字，真可谓犀利也！一介弱小的草虫子，面对比自己强大数倍的对手毫不畏惧，能捕蝉、能制蛇，真是令人刮目相看。

而上文提到的螳螂产子、药中桑螵蛸，历代医者在古籍中均有记载，“可入肝、肾、膀胱经”“主伤中，疝瘕，阴痿，益精生子。女子血闭腰痛，通五淋，利小便水道。”等疾病。

令人无奈的是，螳螂好斗成性、自相残杀，甚至于在交配的时候，雌螳螂会乘机将雄螳螂吃掉。不过，科学家研究认为那是因为繁衍后代的缘故，雌螳螂需要补充体力和蛋白质，雄螳螂不得不做出牺牲。

也许，这是大自然的生存法则吧，一如宋代李自中所言：

黄头雀，觜交交，
尾倬倬，突然散去云路邈。
东村四面禾黍稠，欲下未下惊呼俦。
牛羊上山鸡犬睡，翩跹蹙步来相求。
日斜深堑有罗网，投宿青冥依篠荡。
沙鸣羊角转峥嵘，蹴踏虬枝犹倔强。

谁知檐下息尔躯，夜半沥血逢精鼩。
唇焦舌烂救不得，一缕性命才须臾。
君不见螳螂捕蝉上高树，企足昂头忘反顾。
人生吞噬更可怜，腊月未穷谁悔悟。

芒种二候：鵙始鸣

鵙（音局）是芒种时节的第二个候应现象，今人称之为伯劳鸟。另外还有个名称，胡不拉，屠夫鸟。

伯劳鸟以捕食鱼虫小鸟为生，嘴形大而强，和鹰嘴有些相似，上嘴先端具钩和缺刻；它的翅膀短而圆，呈凸尾状；脚非常强健，趾上有利钩。

伯劳鸟常待在有棘的树木或灌丛，待到有猎物出现时从高处扑下，得手后重新立刻返回树枝上，将捕获的猎物挂到带刺的树枝上；然后在树刺的作用下将猎物撕碎而食，因此被称为屠夫鸟、恶鸟。

曹植写了篇《令禽恶鸟论》，里面涉及到了伯劳鸟的传说，现节选如下：

国人有以伯劳生献者，王召见之。侍臣曰："世同恶伯劳之鸣，敢问何谓也？"王曰："《月令》：'仲夏鵙始鸣。'《诗》云：'七月鸣鵙。'七月，夏之五月，鵙则博劳也。昔尹吉甫信后妻之谗，杀孝子伯奇。其弟伯封求而不得，作《黍离》之诗，俗传云：吉甫后悟，追伤伯奇。出游于田，见乌鸣于桑，其声嗷然，吉甫动心，曰：'无乃伯奇乎？'鸟乃抚翼，其音尤切。吉甫曰：'果吾子也。'乃顾曰：'伯劳乎？是吾子，栖吾舆；非吾子，飞勿居。'言未卒，鸟寻声而栖于盖。归入门，集于井干之上，向室而号。吉甫命后妻载弩射之，遂射杀后妻，以谢之。故俗恶伯劳之鸣，言所鸣之家，必有尸也。"

大概意思是孝子伯奇被父亲听信后母谗言杀死，变成了伯劳鸟。而醒悟过来的父亲通过鵙鸟的叫声认出了儿子，于是设计杀掉了后妻为子报仇。

其实这个故事有些残忍，但是伯劳鸟却因此被世人厌恶，以为凡是它所鸣叫的地方必然会有尸体。

在这样的情况下，有人为国王献上伯劳鸟本就很奇怪，而国王居然接见来者，更是不可思议！

显然，国王是把伯劳鸟当作吉祥之物来看待的。因为月令上说："仲夏鵙始鸣。"《诗经》也说："七月鸣鵙，八月载绩。载玄载黄，我朱孔阳。"周历的七月，则是夏历的五月。

在当时，农民耕作凭借的就是节气变化引起的物候现象。否则怎么会有"草木知时节，鸟鸣报农时"的说法呢？

身为一国之主，试问还有比丰收年景更让他欢喜的事情吗？

在伯劳鸟的叫声中，农人们辛苦耕耘，妇人们也要准备纺纱织布了。

芒种三候：反舌无声

这世间有种鸟儿能够学各种鸟叫，它就叫反舌鸟。

可是芒种三候，反舌鸟变得不再发声了。古人以为，此时要注意防止出现小人。

所谓小人，也就是爱说东家长、西家短的八卦爱好者了。古今中外，这样的人才从来不缺，是没有时节之分的，心态端正就好。

反舌鸟和乌鸫是同类，叫声非常好听，简直是鸟类中的歌唱家，它还是瑞典的国鸟。

夏季到来，或清晨，或黄昏，我们漫步田野欣赏自然风光，听听鸟儿美妙的歌声，是件多么幸福的事情。其中心情与李白《独坐敬亭山》是一样的痴迷：

众鸟高飞尽，孤云独去闲。

相看两不厌，只有敬亭山。

2. 黄栗留鸣桑葚美，紫樱桃熟麦风凉——习俗

黄栗留鸣桑葚美，紫樱桃熟麦风凉。
朱轮昔愧无遗爱，白首重来似故乡。

这是欧阳修《再至汝阴三绝》诗，其中的一首。

诗中的黄栗留指的是黄鹂鸟。语出《诗经·周南·葛覃》“黄鸟于飞”，三国时期吴国的陆玑疏：“黄鸟，黄鹂留也，或谓之黄栗留……当葚熟时，来在桑间。故里语‘黄栗留看我麦黄葚熟’。”

可见芒种时节吃桑葚的习俗，在我国可谓源远流长。

芒种时节吃桑葚，相信是很多人孩提时美好的回忆。那时，大人下田归来草帽兜里满满都是紫红的桑葚，当是送给孩子最甘甜的礼物。更有调皮小子，直接爬到桑树上吃个肚儿溜圆，手上、嘴上、包括衣服前胸都被染了斑斑点点的绛紫色。

桑葚不但滋味酸甜，还富含多种维生素，具有健体养颜补肝益肾、乌发明目、治疗贫血、高血压、高血脂、冠心病等多种保健功效，被誉为“二十一世纪最佳保健果品”。

除了桑葚之外，樱桃也是人们的最爱，如同诗中所写“紫樱桃熟麦风凉”。

樱桃，又名莺桃、含桃、荆桃、朱樱、朱果、樱珠——据说黄莺鸟特别喜欢啄食，莺桃之名由此而来。

其滋味甜而微酸，外形又如珍珠玛瑙一般玲珑可爱，嫣红靓丽，令人垂涎欲滴。

唐太宗李世民曾经写了一首《赋得樱桃》：

华林满芳景，洛阳遍地春。

朱颜含远日，翠色影长津。

乔柯啭娇鸟，低枝映美人。

昔作园中实，今来席上珍。

诗中用“朱颜含远日”比喻樱桃之美，可谓形神俱佳；能够与之相媲美的，恐怕只有“低枝映美人”这一句了。

樱桃分为大樱桃和小樱桃，大樱桃呈暗红色，皮厚，比较有弹性，就是今日之车厘子；小樱桃相对小一点，皮薄多汁，颜色浅红。二者同属蔷薇科落叶灌木果树，为同一种植物的不同品种。

诗人将樱桃赋予席上珍品地位一点也不夸张：滋味鲜美甘甜尚在其次，主要樱桃含铁量较高，且富含花青素和多种维生素，适量食用可以补充人体中的铁元素，防止缺铁性贫血等。

谷雨时节的应节水果，除此之外还有大名鼎鼎的黄梅。

青梅煮酒

芒种煮青梅的习俗，古来就有。别人不说，《三国演义》中一代枭雄曹操，家里有了好青梅不肯一人独享，于是派人请来了刘玄德，“盘置青梅，一樽煮酒。二人对坐，开怀畅饮。”

二人边吃边聊，畅谈天下大事，细数天下英雄。其实不为别个，这曹操早已自命为英雄人物，此番请客醉翁之意不在酒，乃是一探刘皇叔之虚实，试试对手的斤两。

彼时，刘玄德羽翼未丰，自然是极力隐藏锋芒，顾左右而言他。即便如此，依然让曹操得出了“天下英雄，唯使君与操耳。”惊得刘备筷子都掉地上，赶紧找了个理由匆匆而别。

果然是宴无好宴，酒无好酒！

那么，因此而名动天下的青梅煮酒是怎么回事呢？

却原来，梅子成熟之时滋味酸涩难以入口，必须加以炮制才可食用。于是古人琢磨出了煮梅而食的方法：最简单的就是用冰糖和梅子一起煮，或者将青梅放置于黄酒中加热，只要青梅变色即可——此时，酒香中弥漫着梅子的酸甜，美不可言！

另外也可以糖、盐和青梅拌匀，从而使梅汁浸出。《本草纲目》还记载了制作乌梅的方法："梅实采半黄者，以烟熏之为乌梅。"

如此种种，不外乎是将青梅中的酸涩之味逼出罢了。如果用青梅和甘草、山楂、冰糖等材料和水而煮，便成了大众喜爱的消夏食品，酸梅汤。

芒种煮梅乃是风雅之事，因此缘故，就连南方地区连绵的阴雨天气也跟随着添了几分雅致。那雨也不是普通的雨，而是梅雨。恰如《纂要》中所说："梅熟而雨曰梅雨。"

雨声催梅熟——雨，变得雅致；梅，如此多娇。

有如宋代范成大所写：

梅子金黄杏子肥，麦花雪白菜花稀。
日长篱落无人过，惟有蜻蜓蛱蝶飞。

对于大多数人而言，最开心的事情莫过于约上三两好友，一起"青梅煮酒话桑麻"，共享丰收的喜悦。

可见同样是煮梅，在不同的眼中有着不同的情怀。

黄梅时节家家雨，青草池塘处处蛙。
有约不来过夜半，闲敲棋子落灯花。

南宋的赵师秀多有闲情，梅雨天气一个人在家实在无聊，于是约了友人到家中下棋。可惜朋友失约了，于是就有了上面的《约客》诗。

赵师秀本是永嘉（今浙江温州）人氏，每年此时江南梅子黄熟之时，黄梅雨便应约而至，比老朋友要靠谱多了。

黄梅时节雨声不绝，诗人一人房中枯坐，闲敲着棋子听得池塘里蛙声一片……

或许，诗人百无聊赖之时忽然有了灵感，在闪烁的灯花下写下了这首诗罢！

我倒是觉得，赵师秀虽然一人在家冷清寂寞，却也是幸福的冷清，总比范成大笔下的插秧农人要好。

梅霖倾斜九河翻，百渎交流海面宽。
良苦吴农田下湿，年年披絮插秧寒。

范成大怀着悲悯之心写下了《芒种后积雨骤冷》一诗，对于农民来讲，芒种时节充沛的雨量既然他们欢欣，也让他们烦恼。之所以欢喜，是因为对水稻插秧非常便利；之所以烦恼，是因为雨水打在身上甚是冰冷不堪，易得风湿骨痛病。

唉，这可亲的黄梅雨，这可恨的黄梅雨！

北宋的梅尧臣也写到：

三日雨不止，蚯蚓上我堂。
湿菌生枯篱，润气醭素裳。

梅雨天气由于空气湿度，很多东西都容易受潮霉烂，所以人们就起个不好听的名字——霉雨。

你看，三日的连阴雨让诗人的房间有了蚯蚓，周围的篱笆墙长了菌类，衣服也霉烂了——你说讨厌不讨厌！

同样的事情，南宋的曾几就有不同的角度，且看他的《悯雨》：

梅子黄初遍，秧针绿未抽。
若无三日雨，那复一年秋。
薄晚看天意，今宵破客愁。
不眠听竹树，还有好音不。

曾几的立意高明在于，“若无三日雨，那复一年秋。”

可见，凡事需要辩证看待，不可钻牛角尖。

饯花神

饯花神的习俗见于《红楼梦》，书中二十七回如此写：

至次日乃是四月二十六日，原来这日未时交芒种节。尚古风俗：凡交芒种节的这日，都要设摆各色礼物，祭饯花神，言芒种一过，便是夏日了，众花皆谢，花神退位，须要饯行。然闺中更兴这件风俗，所以大观园中之人都早起来了。那些女孩子们，或用花瓣柳枝编成轿马的，或用绫锦纱罗叠成干旄旌幢的，都用彩线系了。每一棵树上，每一枝花上，都系了这些物事。满园里绣带飘摇，花枝招展，更兼这些人打扮得桃羞杏让，燕妒莺惭，一时也道不尽。

可见这饯花神乃是南方比较重要的习俗。闺中的女孩子们也是有雅兴，还用了花瓣柳枝编织成轿子和马车，想来是为花神制作的脚力，考虑得还挺周到。

她们用绫锦纱罗叠成干旄旌幢：干，是盾牌；旄旌幢，均是古代的旗子。

旄，乃是旗杆顶端缀着牦牛尾的旗；旌和旄类似，区别在于多了五彩折羽装饰；幢，则是伞形。

安苗

当此时节，农民是快乐而朴实的。皖南地区的人们栽完水稻，还要举行安苗活动。

每家每户用本年的新麦蒸面食，并且做成五谷、六畜以及瓜果蔬菜的形状，涂成五颜六色。他们以此为供品向芒神祭祀，祈求秋天有个好收成。

泥巴仗

另外贵州一代还有芒种前后打泥巴仗的民俗。

结婚时间不长的一队新人，有要好的男女朋友陪伴一起到稻田插秧。大家一边插秧，一边打泥巴仗，谁身上的泥巴越多，说明谁越受大众的喜欢。

这种风俗，应该是培养年轻夫妇对土地的热情。从此以后，他们便要凭着一片田地撑起属于自己的天空了。大家当然希望，未来的接班人是脚踏实地、与脚下这方热土相亲相爱的人儿。

第四节　夏至

1. 夏至才交阴始生，鹿乃解角养新茸——候应

夏至才交阴始生，鹿乃解角养新茸；

阴阴蜩始鸣长日，细细田间半夏生。

夏至是二十四节气中的第十个节气，也是被最早确定的节气之一，每年公历 6 月 21 日或 22 日交节，太阳位于黄经 90 度时，为夏至日。

夏至，出自《恪遵宪度抄本》："日北至，日长之至，日影短至，故曰夏至。至者，极也。"

交节之时，太阳直射地面的位置到达一年的最北端，几乎直射北回归线，北半球的白昼时间最长，而南半球处于隆冬季节。之后，太阳直射地面的位置渐渐南移，北半球白昼时间也将日渐缩短。

民谚说，"吃过夏至面，一天短一线。"

尽管如此，夏至却不是一年中天气最热的时候，这是因为接近地表的热量此时还在继续积蓄，没有到达最多的时候。真正的暑热天气，基本在七月中旬到八月中旬的三伏天气，部分地区的气温甚至可以达到 40℃左右。

夏至天气炎热，对流空气容易在午后形成雷阵雨，特点来得急去得快，降雨范围不大。

刘禹锡的《竹枝词》形容此等景象，最是贴切：

杨柳青青江水平，闻郎江上唱歌声。

东边日出西边雨，道是无晴却有晴。

当此时节，古人将夏至分为三候。

夏至初候：鹿角解

古人以为，麋和鹿是一阴一阳两种不同的生物。鹿属阳性，角向前生；麋属阴性，角向后生。当夏至到来，一阴乃生，鹿感受到阴气角就退落了；冬至的时候，一阳所感，麋的角脱落。

正如开篇所云：夏至才交阴始生，鹿乃解角养新茸。

阴阳相生，此消彼长，这是万物更替的自然现象，反之则不正常。《逸周书》上说，“鹿角不解，兵革不息。”

其实，这也好理解，古人是担心气候反常导致粮食歉收，而食不果腹的灾荒年则容易起争端。

鹿性格温顺，颇受众人喜爱。《诗经·小雅·鹿鸣》一派欢快和谐的气氛：

呦呦鹿鸣，食野之苹。我有嘉宾，鼓瑟吹笙。吹笙鼓簧，承筐是将。人之好我，示我周行。

呦呦鹿鸣，食野之蒿。我有嘉宾，德音孔昭。视民不恌，君子是则是效。我有旨酒，嘉宾式燕以敖。

呦呦鹿鸣，食野之芩。我有嘉宾，鼓瑟鼓琴。鼓瑟鼓琴，和乐且湛。我有旨酒，以燕乐嘉宾之心。

此乃描述古代君王宴请群臣时所唱之歌，席间宾客尽欢，鼓瑟笙簧，乐声绕梁，轻松安逸。

也只有群鹿食草呦呦而鸣的情景，方能表达二者之间的安乐之情吧。

偏偏李白不领情，向往着天地之间任我行的潇洒快活！你看他在《梦游天姥吟留别》中恣意高歌，“且放白鹿青崖间，须行即骑访名山。”

全诗如下：

海客谈瀛洲，烟涛微茫信难求。
越人语天姥，云霞明灭或可睹。
天姥连天向天横，势拔五岳掩赤城。
天台一万八千丈，对此欲倒东南倾。
我欲因之梦吴越，一夜飞度镜湖月。
湖月照我影，送我至剡溪。
谢公宿处今尚在，渌水荡漾清猿啼。
脚著谢公屐，身登青云梯。
半壁见海日，空中闻天鸡。
千岩万转路不定，迷花倚石忽已暝。
熊咆龙吟殷岩泉，栗深林兮惊层巅。
云青青兮欲雨，水澹澹兮生烟。
列缺霹雳，丘峦崩摧。
洞天石扉，訇然中开。
青冥浩荡不见底，日月照耀金银台。
霓为衣兮风为马，云之君兮纷纷而来下。
虎鼓瑟兮鸾回车，仙之人兮列如麻。
忽魂悸以魄动，恍惊起而长嗟。
惟觉时之枕席，失向来之烟霞。
世间行乐亦如此，古来万事东流水。
别君去兮何时还？且放白鹿青崖间，须行即骑访名山。
安能摧眉折腰事权贵，使我不得开心颜！

哈哈，果然是诗仙！此等境界非我等凡夫俗子可比。

须知，神话传说中鹿乃游走山林云泽的仙兽是也。

夏至二候：蜩始鸣

《月令》认为，“蜩（音条），蝉之大而黑色者，蜣螂脱壳而成，雄者能鸣，雌者无声，今俗称知了是也。按蝉乃总名。鸣于夏者曰蜩。”

简单说，蜩就是雄知了，大家常见的蝉。知了分雌雄，雄的能发出鸣叫声，而雌知了是不发声的。

蝉作为夏至的第二个物候现象，《埤雅》认为此物生于盛阳，此时感受到阴气而发出鸣叫声。

在古人的见解里，阴阳总是辩证的，即便是夏至阳盛，已然阴气生。

初唐四大家之一的虞世南写了一首《蝉》：

垂緌饮清露，流响出疏桐。
居高声自远，非是藉秋风。

蝉，餐风饮露。古来不少文人墨客常常以此明志，以示高洁。

夏至三候：半夏生

半夏喜阴，常在沼泽地或水田中生长。居夏半而生，因此得名，符合了夏至阳盛之时阴性植物开始生长的特点。

半夏是一味重要的中药材，但是又含有一定毒性，必须在医生的指导下使用。

说起中药材，我国古人常常以此写诗作文，将药材名称巧妙镶嵌其中，别有趣味。

著名的词人辛弃疾就曾经写了一首《定风波·静夜思》：

云母屏开，珍珠帘闭，防风吹散沉香。离情抑郁，金镂织流黄，柏影桂枝交映，从容起，弄水银塘，连翘首，惊过半夏，凉透薄荷裳。

一钩藤上月，寻常山夜，梦宿沙场。早已轻粉黛，独活空房。欲续断弦未得，乌头白，最苦参商。当归也！茱萸熟，地老菊花荒。

细数里面有25味中药材，分别是云母、珍珠、防风、沉香、郁离、硫磺、柏子、桂、肉苁蓉、水银、连翘、半夏、薄荷、钩藤、常山、宿沙、青黛、独活、续断、乌头、苦参、当归、茱萸、熟地、菊花。

每一味中药，都蕴含着无数的思念，词中的半夏在词人的笔下便是倏忽而逝的光阴，新婚不久便前往战场杀敌的辛弃疾，以此连缀成了真情一片。

无独有偶，清代褚人获编的《坚瓠集》记载了苏州詹氏夫妻来往情书，皆由中草药之名。

妻:“槟榔一去，已过半夏，岂不当归耶？谁使君子，效寄生缠绕它枝，令故园芍药花开无主矣。妾仰观天南星，下视忍冬藤，盼不见白芷书，茹不尽黄连苦！古诗云：豆蔻不消心上恨，丁香空结雨中愁。奈何！奈何！”

夫:“红娘子一别，桂枝香已凋谢矣！几思菊花茂盛，欲归紫苑，奈常山路远，滑石难行，姑待从容耳！卿勿使急性子，骂我苍耳子，明春红花开时，吾与马勃、杜仲结伴返乡，至时自有金相赠也。”

一来一往甚是热闹，妻子含蓄，槟榔、半夏、当归……每一缕光阴中，皆是深情如水的眷恋；丈夫对此明了于心，投桃报李，红娘子、桂枝、菊花、紫苑，满纸药材香俱是深情。

如此，通过半夏之时的鸿雁传书，妻子的幽怨之气也解开了。可见，无论置于何时何地，都要避免情绪大起大落，方是取胜之道。

如同《黄帝内经·素问》所言：

夏三月，此谓蕃秀。天地气交，万物华实，夜卧早起，无厌于日，使志无怒，使华英成秀，使气得泄，若所爱在外，此夏气之应，养长之道也。

2. 万乘亲郊幸北宫，千官斋祓两都同——习俗

每逢夏至之时，人们为了庆祝丰收、消灾祈福，便有了祭神之俗。祭神之风从周朝起便有记载，《周礼·春官》曰："以夏日至，致地方物魈。"司马迁的《史记·封禅书》记载："夏至日，祭地，皆用乐舞。"

明朝的唐顺之在《赠南都莫工部子良夏至斋宿署中》重现了祭神时的浩荡排场：

万乘亲郊幸北宫，千官斋祓两都同。
灵光正想泥封上，清梦遥依辇路通。
烟散玉炉知昼永，星分银烛坐宵中。
闻君已就汾阴赋，犹向周南叹不逢。

祭祀前一日，为表虔诚之心，上至皇帝、下到百官，全部斋戒沐浴。他们认为，只有最清净洁明的形象才有资格祭神祈福。

夏至祭祀，皇帝重视，百姓更是慎重，他们不但要庆祝丰年、还指望着神灵护佑到秋天有个好收成呢！

然而，祈求上苍和现实是两码事，一切还需农人辛苦躬耕，一点都懈怠不得。宋朝的章甫写了一首《田家苦》，诗中饱含着对农民深深的同情：

何处行商因问路，歇肩听说田家苦。
今年麦熟胜去年，贱价还人如粪土。
五月将次尽，早秧都未移。
雨师懒病藏不出，家家灼火钻乌龟。
前朝夏至还上庙，着衫奠酒乞杯珓。
许我曾为五日期，待得秋成敢忘报。
阴阳水旱由天工，忧雨忧风愁杀侬。
农商苦乐元不同，淮南不熟贩江东。

从诗中内容来看，当时五月之时少雨干旱，导致农民早稻秧苗都没有来得及移栽。如此下去如何了得，定是雨师偷懒！于是家家户户灼火钻龟壳准备祭神祈雨。

雨师是我国古代传说中的神话人物形象，与风伯共同主宰世间的风雨。最初他们是远古时期黄帝的臣子，也有记载说是共工之子玄冥；后来，随着历史朝代的更迭，汉朝以为是毕星、唐朝以为是李靖；道教以为是赤松子、佛教以为是龙王。

然而，它们都有个共同的名字，雨师。秦汉时期便受到重视，雷公、电母、风伯、雨师共同入祠，接受祭祀。

再说灼火钻龟，远至商朝便盛行牛肩胛骨和龟壳占卜的习俗。牛肩胛骨相对易得，用得也就多；而乌龟就不简单了，通常在更为隆重的场合才可用来占卜。

如果不是祈雨的极端重要，怎么会出现诗中所言，“家家灼火钻乌龟”呢?

然而，人们如此虔诚地上庙祭神，结局也未必如意。其中原因诗人已经言明：阴阳水旱由天工。

祭神，不过是困境时人们的自我安慰罢了。

南北朝时期的梁宗懔编了一部《荆楚岁时记》，这本书记载了我国古代楚地汉族岁时节令风物故事。其中写道："六月必有三时雨，田家以为甘泽，邑里相贺。"

所谓三时，乃是古人在数千年的劳动实践中摸索出的自然规律。他们将夏至节气的15天分为三时，通常情况下头时3天，二时5天，末时7天。

六月甘泽，足以让农民奔走相庆，可真是"夏至雨点值千金"！

从现代科学的角度讲，这是因为夏至之时气温高，日照充足；而农作物生长较快，对于雨量需求较多，就容易导致干旱。

多少年的光阴流转，农人们辛苦耕耘于田间，他们已然明白用自己的力量去改变境况，而祭神，已经转变为对祖先、对传统文明的传承与思念。亦如范成大所诗：

石鼎声中朝暮，纸窗影下寒温。

逾年不与庙祭，敢云孝子慈孙。

夏至筵

若论夏至诗，白居易的足够应景，且看他的《和梦得夏至忆苏州呈卢宾客》：

忆在苏州日，常谙夏至筵。粽香筒竹嫩，炙脆子鹅鲜。

水国多台榭，吴风尚管弦。每家皆有酒，无处不过船。

交印君相次，褰帷我在前。此乡俱老矣，东望共依然。

洛下麦秋月，江南梅雨天。齐云楼上事，已上十三年。

我们不妨从诗中观察下唐朝的夏至筵。

江南的夏至节有吃粽子的传统：苏杭之地，地处南国水乡，青青翠竹寻常可见。因而就地取材借它的清香之气，做一道竹筒饭在夏至食用最美不过。糯米浸润了其中之味，令食客仿佛置身清凉处所，不觉忘却俗世酷暑煎熬之烦恼。

下一句，好一个“炙脆子鹅鲜”！

鹅本水中游，用来做菜若非炙烤，怎能化了那寒凉之气？其中道理和大名鼎鼎的北京烤鸭类似——鹅、鸭属于凉性食品，清热祛暑，夏季用来滋补身体最好不过。

白居易的苏州刺史当得挺逍遥啊！

悦耳的管弦声中，看着身畔随处可见的弯弯河流中，无数的小船悠悠过往……闻着醉人的酒香，白居易满意地笑了。

只可惜，这已经是 13 年前的回忆了。温馨的记忆中，江南沥沥的梅雨天也令人心醉神迷。

同是苏州籍的范成大也写了一首《夏至》诗：

李核垂腰祝饐，粽丝系臂扶羸。
节物竞随乡俗，老翁闲伴儿嬉。

白居易身处唐朝，范成大却是南宋朝，习俗如此相似，称得上源远流长了。

入伏面

我国北方地区有吃入伏面的习俗，一来图个吉利，如同民谚所云：吃过夏至面，一天短一线。

夏至时节，天气炎热，热量较低的面食成为人们的首选。清人潘荣陛在《帝京岁时纪胜》中记载：“是日，家家俱食冷淘面，即俗说过水面是也。”

北宋时黄庭坚吃了一碗入伏面，喜不自胜，作诗《过土山寨》曰：

南风日日纵篙撑，时喜北风将我行。
汤饼一杯银线乱，蒌蒿数筋玉簪横。

唐宋时期的汤饼，就是今日之面条。从诗中看，好客的主人手艺不赖，竟然将面条做到了“一杯银线”的程度，令人叫绝；浮在其上的蒌蒿碧绿，色相上乘，滋味想必亦是一流。

夏至新麦登场，人们变换着花样过节。除了面条，山东等地还有煮麦粒而食的传统，大人、小孩一个个用漏勺捞起锅里麦香四溢的麦子，吃个不亦乐乎；而山西则有吃“碾转”的习俗。所谓碾转，就是将煮熟的新麦放在石磨中碾上那么几圈就行了，然后用葱花等佐料凉拌而食。

无锡等地则是早上喝麦粥，中午吃馄饨。用他们那边的谚语来说，那叫“夏至馄饨冬至团，四季安康人团圆”。

吃荔枝

世人皆知岭南盛产荔枝，夏至之时当地人有口福可享。

苏轼被贬岭南，却“因祸得福”，满足了口腹之欲。你看他豪放如此：

罗浮山下四时春，卢橘杨梅次第新。
日啖荔枝三百颗，不辞长作岭南人。

荔枝性热，多吃恐怕要上火。东坡居士“日啖荔枝三百颗”，分明是用夸张的手法炫耀于天下——这也是他身处岭南的好处之一，吃个荔枝如此光明磊落。

相比之下，集万千宠爱于一身的杨贵妃就不同了，不但要瞒着天下人偷偷摸摸吃，而且白白担了红颜祸水的恶名。

你看那杜牧，路过华清宫都要拿荔枝说事，生怕世人不知：

长安回望绣成堆，山顶千门次第开。
一骑红尘妃子笑，无人知是荔枝来。

坦白说，诗人虽然嚷嚷得声音高了点，但是人家也说是实话——唐玄宗宠爱杨玉环是真呀！至于后来发生的一切，杨玉环有多少责任，那是两说。

话说当年，唐玄宗为了博取美人欢心，做出如此兴师动众之举，乃是因为荔枝娇弱："若离本枝，一日色变，三日味变。"

成熟而新鲜的荔枝果壳嫣红，果肉洁白剔透如软玉一般。玉环捏在指间，美人与佳物足可以相互媲美。

其实杨玉环所食之荔枝，并非出自岭南，而是四川涪陵。她生于四川，爱食家乡之物本无可厚非；然而四川远在长安千里之外，玄宗如此宠爱的确有些不顾成本。

诗人痛惜大唐盛世从此衰败，因而写下此诗，玉环和荔枝却因此名声大噪。

看来，凡事都需掌握尺度，荔枝甘甜，切勿多食；爱情虽美，正确对待。

戴枣花、赠脂粉

夏至之时，枣花盛开，爱美的女子相约一起采摘戴在头上。据说还会如此念诵："脚麻脚麻，头上戴朵枣花。"充满了乡野之趣。

闺中的少女们也有彩扇、脂粉、香囊相赠的习俗，大约也是炫耀彼此手艺之意。

第五节　小暑

1. 小暑乍来浑未觉，温风时至褰帘幙——候应

小暑乍来浑未觉，温风时至褰帘幙；
蟋蟀纔居屋壁诸，天崖又见鹰始挚。

小暑是二十四节气中的第十一个节气，每年公历 7 月 7 日或 8 日交节，此时太阳到达黄经 105 度。

暑，是热的意思。小暑代表小热，还没有到大热的时期。

按农历，小暑乃是六月之节。《月令七十二候集解》说，“就热之中分为大小，月初为小，月中为大……”

不知不觉，烈日炎炎，小暑倏忽而至。从气候学的角度讲，我国南方地区平均气温 26℃左右；进入 7 月中旬，我国华南和东南海拔较低的河谷区域，开始出现日平均气温高于 30℃且日最高气温高于 35℃的情况；西北高原北部，有时还可见到霜雪，类似华南地区初春景色。

总体来说，我国大部分地区普遍温度较高，符合小暑节气特征。

此时，长江中下游梅雨季节渐渐结束，气温升高，进入伏旱期，要注意防旱；秦岭以北等华北、东北地区反而进入了多雨季节，此时要注意的是防涝。无论是哪种情况，全国所有的农作物都进入生长旺季，都要严加防范。

但是也有特殊情况，有时北方的冷空气南下和南方的暖热气流交织，导致雷雨天气——出现“小暑一声雷，倒转做黄梅”的情况。

当此时节，我国古代将小暑分为三候。

小暑初候：温风至

唐朝的元稹写了一首《小暑六月节》：

倏忽温风至，因循小暑来。
竹喧先觉雨，山暗已闻雷。
户牖深青霭，阶庭长绿苔。
鹰鹯新习学，蟋蟀莫相催。

这首诗颇为应景，将小暑的三个候应现象“一网打尽”，我们依次解之。

不知不觉，随着小暑节气的来临，温热之风也倏然而至，搅动竹林哗啦啦的喧嚣声响。山色阴沉，天边已然传来了雷鸣声。随着炎热天气里的一场场雷雨，潮湿的门窗（户牖）和院落的台阶上渐渐有了青苔。

“鹰鹯新习学，蟋蟀莫相催”——这两句是小暑的二候和三候现象，暂且搁置，后面再解。

从小暑到立秋期间，古人称为“伏夏”，也就是大家常说的“三伏天”，正是全年气温最高之时。民谚也有“小暑接大暑，热得无处躲”“小暑大暑，上蒸下煮”的说法。

伏，是隐藏的意思。按照有关资料记载，“伏者，隐伏避盛夏也。”所谓三伏，是初伏、中伏和末伏的总称。

按照传统的干支历法，夏至后的第三个庚日开始进入初伏，第四个庚日进入中伏，立秋后第一个庚日为末伏；每伏为十天，三伏共为三十天。但是也有特殊情况，在有的年份第五个庚日出现在立秋之前，那么就出现了两个中伏，共二十天，在这样的情况下，三伏就是四十天。

有一点可以肯定，每年的伏天都在小暑和大暑之间。在酷热的节气里，我们自然要想办法消暑降温，胸中常怀冰雪。你看唐朝的李频多么清凉：

却接良宵坐，明河几转流。

安禅逢小暑，抱疾入高秋。

静室闻玄理，深山可白头。

朝朝献林果，亦欲学猕猴。

小暑二候：蟋蟀居宇

蟋蟀穴居，经常栖息于地表、土穴、草丛及砖石之上，喜欢夜出活动。它还有很多别名，比如蛐蛐、促织、夜鸣虫等。

古人认为蟋蟀生于土中，小暑时节羽翼稍成，因此只能居穴之壁，到了七月“肃杀之气初生”的时候就飞到野外活动了。与此照应的有《诗经·七月》：“七月在野，八月在宇，九月在户，十月蟋蟀入我床下。”

其中涉及到“七月、八月、九月、十月”采用的是周历，它的八月便是夏历的六月，正是小暑节气之时，对应了蟋蟀居宇的候应现象。

前一节元稹诗中“蟋蟀莫相催”，可以解读两意，一是诗人从蟋蟀的叫声中感受到了时光飞逝之感；其二单纯就蟋蟀的鸣叫而言，那是雄蟋蟀在求偶时发出的音调。

雄蟋蟀鸣叫声非常悦耳，“唧唧吱、唧唧吱……”，好似音乐家在演奏乐曲。鲁迅在《从百草园到三味书屋》一文中，就有个形象的比喻：蟋蟀们在这里弹琴。

然而，如此美妙的琴声在不同的人听来，又是不同的意味。蟋蟀的别名促织，就是因为古人听来“其声如急织也”，所以民间就有“促织鸣，懒妇惊”打趣之谈。

南宋的杨万里写过一首《促织》：

一声能遣一人愁，终夕声声晓未休。

不解缫丝替人织，强来出口促衣裘。

蟋蟀在民间如此催人上进，但是沦落到锦衣玉食的王公贵族手中，它却成为玩物。雄蟋蟀为了巩固自有领地，或者为了求偶，从而十分善斗。于是就有人将其逮回家养在笼中，观其争斗，以博一乐。

南宋时期的权贵贾似道专好此道，他还写了一本《促织经》；甚至连明朝的宣德皇帝朱瞻基，以及宋徽宗赵佶都是此道高手。

比较之下，还是《诗经》中《国风·唐风·蟋蟀》令人心旷神怡：

蟋蟀在堂，岁聿其莫。今我不乐，日月其除。
无已大康，职思其居。好乐无荒，良士瞿瞿。
蟋蟀在堂，岁聿其逝。今我不乐，日月其迈。
无已大康，职思其外。好乐无荒，良士蹶蹶。
蟋蟀在堂，役车其休。今我不乐，日月其慆。
无已大康，职思其忧。好乐无荒，良士休休。

蟋蟀在堂，先秦时期的人们感受到时光匆匆，倏忽而逝，感触之余发出了“好乐无荒”的声音。

确实，您玩归玩，别耽搁了正事呐！

小暑三候：鹰始鸷

《集解》认为，此时杀气未肃，老鹰开始冲向高空，以迎接杀气。我们在前面初候的时候引用了元稹的诗，里面的“鹰鹯新习学”就是小暑三候的物候现象。

描写老鹰的古诗很多，比如诗圣杜甫就写过一首《画鹰》：

素练风霜起，苍鹰画作殊。㩳身思狡兔，侧目似愁胡。

绦镟光堪擿，轩楹势可呼。何当击凡鸟，毛血洒平芜。

柳宗元也有一首《笼鹰词》：

凄风淅沥飞严霜，苍鹰上击翻曙光。
云披雾裂虹霓断，霹雳掣电捎平冈。
砉然劲翮剪荆棘，下攫狐兔腾苍茫。
爪毛吻血百鸟逝，独立四顾时激昂。
炎风溽暑忽然至，羽翼脱落自摧藏。
草中狸鼠足为患，一夕十顾惊且伤。
但愿清商复为假，拔去万累云间翔。

鹰本猛禽，不但在捕食猎物时凶狠，即便是对待小鹰时也异常“残忍”——训练小鹰飞翔时，老鹰将小鹰驮到背上飞在7000英尺高空，然后突然“撤退”，让小鹰自我飞翔。

失去了保护的小鹰鸣叫着，拼命扇动翅膀学习飞翔。如果小家伙一时间没有掌握技巧，老鹰会当机立断迅速俯冲，将下坠的小鹰稳稳地接住。

这样训练几次，小鹰便可翱翔在蓝天之上。对于部分迟钝的孩子，老鹰会不动声色将它们放回鹰巢之中，然后一点一点抽掉树枝草木，直至毁坏巢穴。这时，懒惰的孩子终于发现失去最后的保护了，为了生存下去，只好尽最大努力学习飞翔——强健的后代就此产生。

老鹰严厉而残忍，然而最无情的莫过于时光催人老。随着时光的一天天逝去，身为天空的强者，老鹰也会日渐衰老。它那锐利的嘴和爪子渐渐退化，长出了钝钝的壳。

然而不甘心退出天空的老鹰，默默躲避到山洞里，磨砺自己的嘴和爪。它拼命击打岩石，让它们流血、脱落，直至硬壳全部褪掉为止，然后，它们利用新生的外壳，那双锐利的尖爪狠狠抓自己胸前的油脂部位，直至油脂流淌全身，重新长出新的羽毛。

如此，老鹰便涅槃重生了吗？不，此时冲向蓝天的它们正在接受烈日最后的炙烤。如此，方可目光如炬，重获新生！

经过此番洗礼的鹰中强者，又获得了新的生命，它们的一生可长达数十年。可以说，鹰的生命本身就是不断搏击的过程。

2. 食新先战士，共少及溪老——习俗

杜甫写过一首《园人送瓜》：

江间虽炎瘴，瓜熟亦不早。柏公镇夔国，滞务兹一扫。
食新先战士，共少及溪老。倾筐蒲鸽青，满眼颜色好。
竹竿接嵌窦，引注来鸟道。沈浮乱水玉，爱惜如芝草。
落刃嚼冰霜，开怀慰枯槁。许以秋蒂除，仍看小童抱。
东陵迹芜绝，楚汉休征讨。园人非故侯，种此何草草。

先说诗中的“柏公镇夔国”：夔州太守柏贞节，字茂琳，他为官清正，屡有战功，多次受到唐代宗李豫嘉奖。杜甫虽曾流落于此，和柏贞节却友情深厚。

夔州，今奉节县，位于长江上游地区。盛夏之时，自是暑热难耐。当此时节，身为一方父母官柏贞节主持了食新仪式，派人给杜甫送来了西瓜解暑。

当此炎炎之日，切上半个西瓜下肚，顿时满口生津，如同冰雪在怀，好爽快！

“食新先战士，共少及溪老”，可见柏贞节品行。

食新，也叫食辛，通常在小暑节后第一个辛日举行。

小暑时节，正是夏忙刚过，秋收未到的闲暇之时。此时，新麦收获，瓜果蔬菜飘香。农人们乘兴到田间采摘一些新鲜的瓜菜，回家后和夏季收获的新麦、肉类混煮一锅，准备祈福食新。

食新之前，人们先是带一些新麦和酒肉到田间祭祀，感谢天地芒神；然后在自家田地选三穗最长的谷穗、稻穗，将其挂在炉灶。之后便是在家里祭祀自家祖先了，《礼记·少仪》记载："未尝，不食新。"

唐朝的盛世鸿儒孔颖达注疏："未尝，则人子不忍前食新也。"

祭祀这种传统，看似陈旧，其实它表达的是人类对天地万物以及先祖的一片敬畏虔诚之心。

苗族人民的尝新活动在六月上、中旬的卯日（有部分地区是七八月卯日），也叫吃卯。食新，苗语古称脑莫，意思是吃新米。

侗族、仡佬族、基诺族、哈尼族等少数民族俱有食新的习俗，时间从六月到八月不等，但是都选择新米成熟的时候举行。

尝新完毕，人们还免不了一番盛大的庆祝活动。吹笙、对歌、跳舞、斗牛、赛马，真是热闹非凡，不亦乐乎。

六月六接姑娘

六月六农闲之时，各地都有接姑娘的习俗。女儿回家时的心情如同雀跃的鸟儿一般，《国风·周南·葛覃》对此描述细致入微：

葛之覃兮，施于中谷，维叶萋萋。黄鸟于飞，集于灌木，其鸣喈喈。
葛之覃兮，施于中谷，维叶莫莫。是刈是濩，为絺为綌，服之无斁。
言告师氏，言告言归。薄污我私，薄浣我衣。害浣害否？归宁父母。

女儿待字闺中之时千娇百媚，堪称父母的掌上明珠。虽然会有细心的母亲调教女红针凿，却是精致为佳。一针一线造就的花鸟鱼虫栩栩如生，美丽了心情也消磨了光阴。一旦嫁为人妇，柔嫩的肩膀渐渐撑起了一片天空，不再有从前的幽静喜悦。

你看诗经中的女儿，割藤煮麻、织布做衣，即便是想回娘家，也得将家中的衣物清洗干净，一件件地吩咐给“师氏”明白。

还好，还好！回家之后看见父母在堂，于是两相欢喜。细细问了彼此今夏的收成如何，身体是否安好，便心满意足了。

女儿回家，父母自然是满腔的热情相待。农户人间，最好的心意便是新麦推碾出来的面粉，做了凉的、热的、宽的、窄的面条，上面就了新鲜碧绿的黄瓜等解暑蔬菜。

对待东床娇婿，岳父母特点做了胡饼，以示重视。只因为，东晋时郗太傅择婿，那王羲之便袒露着腹部躺在东床，手里拿着胡饼在吃——东床娇婿，便来源于此。

在父母的眼里，自家的女儿是最好的，自家的女婿自然也是最好的。所谓爱屋及乌，就是这个道理。

假如女儿新出嫁，细心的母亲还会做敞开口的肉夹馍让女儿带回婆家。寓意是尽早为夫家生儿育女，开枝散叶。

如此细致周全，父母要的只是女儿的日后幸福吧！

吃麦蝉

六月六，也是山西晋北、甘肃天水等地的虫王节。此时害虫猖獗，农人恐为祸庄稼，于是就有了吃麦蝉的习俗。

所谓吃麦蝉，便是将烙饼做成麦蝉的形状，大家分而食之。据说这样就可以消灭蝗虫，避免虫害了。

民以食为天，人们的心愿便是一分耕耘一分收获，可以春耕秋实，喜获丰收。但是有时候因为天气原因、蝗虫等自然灾害让粮食歉收，便苦不堪言。

百姓苦，为君更是火烧眉毛一般焦急！

唐朝贞观二年，京师大旱，导致蝗虫大起。唐太宗亲自去查验农作物的受损状况，当他看见禾苗上的蝗虫时忍不住大哭，说道："人以谷为命，可是你却吃掉了谷子，这不是加害百姓吗？如果百姓有什么过错，这个责任在我身上。假如你通灵性，那就吃掉我的心好了，不要伤害百姓。"

之后太宗不顾众臣劝阻，将蝗虫生吞下肚。

诗人白居易曾经写诗一首，里面就提到了太宗吞蝗的事迹。其诗曰：

捕蝗捕蝗谁家子，天热日长饥欲死。
兴元兵后伤阴阳，和气蛊蠹化为蝗。
始自两河及三辅，荐食如蚕飞似雨。
雨飞蚕食千里间，不见青苗空赤土。
河南长吏言忧农，课人昼夜捕蝗虫。
是时粟斗钱三百，蝗虫之价与粟同。
捕蝗捕蝗竟何利，徒使饥人重劳费。
一虫虽死百虫来，岂将人力定天灾。
我闻古之良吏有善政，以政驱蝗蝗出境。
又闻贞观之初道欲昌，文皇仰天吞一蝗。
一人有庆兆民赖，是岁虽蝗不为害。

太宗吞蝗，竟然引来后人争相仿效，官府高价请人捉蝗，导致蝗虫价格高过了米价，这显然是不可取的。在白乐天看来，捉蝗之事治标不治本，结果是"一虫虽死百虫来"，不如多行善政，驱蝗虫出境。

如何驱除蝗虫，我们就不做讨论了。但是如果此时天降甘霖，倒是可以缓解蝗灾。身为面朝黄土背朝天的农人，却是恨不得生食害虫的皮肉。于是便留下了六月六吃麦蝉的习俗，同时还不忘祭拜龙王，期望降下甘霖。

吃暑羊、炒面

徐州等地吃暑羊的习俗，由于和六月六姑娘节日子相近，当地的人们便合二为一，用这种独特的方式招待自家姑娘。如同民谚所云：“六月六接姑娘，新麦饼羊肉汤。”

此种习俗在当地可谓历史悠久，据说可以追溯到远古之时的尧舜时期，和古时著名美食兼养生专家彭祖有关。

徐州古称彭城，传说彭祖为尧帝治好了顽疾，于是被封赏于此。传说仅仅是传说，无可考证，但是我们可以确定的是，屈原在《天问》中留下了彭祖为天帝做野鸡汤的记载。

或许，当年彭祖便是用暑天吃羊的办法治好了尧帝的病？

不管怎么说，徐州吃暑羊的习惯和《黄帝内经》中“圣人春夏养阳，秋冬养阴”的观点吻合。炎热天气，大汗淋漓吃碗羊肉汤，将蕴藏在体内的湿气、毒气，一股脑儿排出去，这是个不错的办法。

正所谓：“彭城伏羊一碗汤，不用神医开药方。”

山西却有暑天吃炒面的习俗。那炒面是正月里用麦子、小米等炒熟之后加工出来的面粉，可以直接食用，也可以加工成油茶当早餐。当地人认为暑天吃这样的炒面清凉下火。

总之，吃面食确实养胃，热天人们贪凉喝一些冷饮容易伤了胃，最好的食疗便是面食了。所以民间有了“头伏饺子二伏面，三伏烙饼摊鸡蛋”的歌谣。

晒红绿、晒水洗浴

入伏之时，阳光炙热，最适合暴晒衣物、家具等物，主要是为了防潮防蛀。

明朝时顺天府宛平知县沈榜，写了一本时事掌故的书，叫作《宛署杂记》。上面记载：“六月六，曝所有衣物，是日朝内亦晒銮驾。”

看来，九五至尊的皇帝也遵守民俗啊！入伏之时，銮驾也得摆出来晒一晒。

人们晒书、晒家具、晒衣物，花红柳绿摆满了庭院，得了个晒红绿的名头，也很妥当。

张爱玲在《更衣记》中曾经写道：“如果当初世代相传的衣服没有大批卖给收旧货的，一年一度六月里晒衣裳，该是一件辉煌热闹的事吧。你在竹竿与竹竿之间走过，两边拦着绫罗绸缎的墙……你把额角贴在织金的花绣上。太阳在这边的时候，将金线晒得滚烫……”

如果说晒衣带给女人的是欢喜，那么晒书带给男人的便是家国情怀了。要是家里有个小书生，晒书当天还要特地为先生带个丰盛的食盒；先生收到之后，往往回馈学生鲜香甘甜的桃子。

文明便从小小的一来一往中得到传承，学生感谢老师的栽培之恩，老师希望学生长大成材，硕果累累。

另外，入伏当天晒水洗浴也是件顶重要的事情，主妇们早早晒上满满一大盆水，里面放入椿树花朵浸泡。据说全家洗过这样一个热水澡后，整个夏季都可以不出痱子。

从前的人们如此虔诚信奉，大约是因为椿树的花和果实起着清热利湿、收敛止痢作用的缘故。

这一天，皇室的銮仪卫兵们也要将大象赶入护城河洗浴，而上驷院则将马匹带入积水潭洗涮。

从清朝杨静亭《都门杂咏》一诗中的记载可见其喧嚣热闹：

六街车响似雷奔，日午齐来宣武门。

钲鼓一声催洗象，玉河桥下水初浑。

第六节　大暑

1. 大暑虽炎犹自好，且看腐草为萤秒——候应

大暑虽炎犹自好，且看腐草为萤秒；
匀匀土润散溽蒸，大雨时行苏枯槁。

大暑是二十四节气中的第十二个节气，每年公历 7 月 23 前后交节。此时太阳到达黄经 120 度，恰是三伏天的中伏之时，一年最热的天气。

所谓大暑，大热是也。如同《月令七十二候集解》所云："暑，热也，就热之中分为大小，月初为小，月中为大，今则热气犹大也。"

从气候学的角度，此时气温最高，农作物生长最快，大部分地区干旱、洪涝、暴风等自然灾害频发。

此时天气变幻莫测，有如唐代戴叔伦在《宿灵岩寺》一诗所云：

马疲盘道峻，投宿入招提。
雨急山溪涨，云迷岭树低。
凉风来殿角，赤日下天西。
偃腹虚檐外，林空鸟恣啼。

其实，在这样的天气，山道独行是件危险的事情，还好，诗人及时投宿灵岩寺歇脚。如此方有闲情欣赏山中的急雨、山溪、云迷……然而这天公竟然如顽皮的孩子一般，转眼间凉风吹拂殿角，天气转晴，一轮红日挂

在西山。

大暑虽然气候多变，景色也确实美丽，水天山色皆如画。清朝的陈璨在《曲院风荷》中，就描写了采莲女荡舟湖面的场景：

六月荷花香满湖，红衣绿扇映清波。
木兰舟上如花女，采得莲房爱子多。

当此时节，大暑三候，每一候都有属于自己的候应。

大暑初候：腐草为萤

所谓腐草为萤，是指萤火虫喜欢将卵产在阴暗潮湿的腐草丛里，到了每年的大暑之时由蛹蜕变为虫，这样一个自然现象。

古人为萤火虫起了很多别名，曰丹良、曰丹鸟、曰夜光、曰宵烛等。

萤火虫根据生活环境分为陆栖、水栖两类：陆栖萤火虫喜欢栖身在植被茂盛且湿润之处；水栖萤火虫生活环境的要求比较苛刻，不仅水质要纯净，还不能受灯光的污染。所以，我们见到的萤火虫以陆栖类占大多数。

不管是哪类萤火虫，想要在宁静的夏季夜晚翩翩起舞，都要经历卵、幼虫、蛹、成虫四个生长时期。

萤火虫能够发光，是因为身体含有一种含鳞的发光细胞，叫萤光素。

描写萤火虫的古诗有很多，比较著名的有唐朝杜牧的《秋夕》：

银烛秋光冷画屏，轻罗小扇扑流萤。
天阶夜色凉如水，卧看牵牛织女星。

大暑之时，炎热之极，萤火虫候应时节而生。但是物极必反，大热之后必然转凉，你看萤火虫散发着美丽的光，一直舞到秋天。此时名为《秋夕》，原本没错。

南北朝时期的谢朓也写了《玉阶怨·夕殿下珠帘》：

夕殿下珠帘，流萤飞复息。
长夜缝罗衣，思君此何极。

清冷的夜色之中，只有飞来飞去的流萤相伴，确实幽怨至极，思妇诗大抵如此缠绵。然而，同样的风景在不同的人眼中有着不同的意味。流萤的幽幽冷光，对于独守空房的妇人来说，激发的是哀怨之情；对于寒窗苦读的学子来说，更加催人上进。

比如东晋时的车胤儿时家贫，无钱买油点灯夜读，就捉了许多的萤火虫装在透光的袋子里照明。

车胤日夜苦读，终于学问大增，官至吏部尚书。

无独有偶，晋代也有个和车胤类似的人物，名字叫孙康，他也是没钱买油点灯，他采取的办法是在冬季的雪夜下映雪读书，最后也是学有所成。

车胤和孙康的故事加起来是一个成语，叫作囊萤映雪。

大暑二候：土润溽暑

溽，湿气。此时土之气润，因此蒸郁为湿气。

陆游所写的《苦热》一诗中，形容此种感觉最为贴切：

万瓦鳞鳞若火龙，日车不动汗珠融。
无因羽翮氛埃外，坐觉蒸炊釜甑中。

此时天气闷热，土地潮湿，上蒸下煮，苦不堪言。因此有苦夏之说，暑热也被民间称为龌龊热。

一年之中三伏最热，三伏以内中伏最热，而大暑正当中伏。我国大部分地区气温达到了35℃，部分地区甚至达到最高温度40℃的酷热。

如果说南京、武汉、重庆，这三座国内知名的火炉城市，在中伏之时让人难耐，那么，具有火焰山之称的新疆吐鲁番更令人称奇！

清代诗人肖雄，有常年生活在吐鲁番的经验，他在《西疆杂述》诗集中这样描述："试将面饼贴之砖壁，少顷烙熟，烈日可畏。"

吴承恩在《西游记》中，形容火焰山是孙悟空当年大闹天宫时一脚蹬翻了太上老君的炼丹炉——其中有两块炉砖掉到凡尘变成了火焰山，所以终年烈日炎炎。

作者虽然是艺术夸张，但是也从一个侧面说明火焰山温度之高，非寻常人可以忍受。

唐代的王毂写过一首《苦热行》：

祝融南来鞭火龙，火旗焰焰烧天红。
日轮当午凝不去，万国如在洪炉中。
五岳翠乾云彩灭，阳侯海底愁波竭。
何当一夕金风发，为我扫却天下热。

祝融是古代神话传说中的火神，所到之处烈火熊熊。诗人用来做比喻，想来也是骄阳炎炎，酷热不堪，激发灵感方有此诗。

你看诗中用词，"祝融南来鞭火龙，火旗焰焰烧天红"真可谓无所不用其极！于是诗人呼唤："何当一夕金风发，为我扫却天下热！"

在这样的天气里，大家感同身受，北宋的晁补之也写了一首《仲夏即事》：

红葵有雨长穗，青枣无风压枝。
湿础人沾汗际，蒸林蝉烈号时。

当此天气最热之时，我国长江中下游等地要防止高温伏旱天气。

大暑三候：大雨时行

千呼万唤之下，风来了，雨来了！气势如同苏轼在《六月二十七日望湖楼醉书》中所写：

黑云翻墨未遮山，白雨跳珠乱入船。
卷地风来忽吹散，望湖楼下水如天。

盛夏之时的风雨特点是，来得快去得也快，正所谓疾风骤雨！

民谚对此有很多贴切的比喻，如“隔田沟下大雨”“东边日出西边雨”等。想来也有点意思，大家分明同处一片天空，东边雷电交加，大雨滂沱；而西边则是太阳当空照，一片晴朗。

另外还有“东闪无半滴，西闪走不及”。它表达的意思是，夏日的午后如果东方出现闪电，那就没有雨；如果闪电出现在西方，那么大雨立刻就到，躲都躲不及。

诸如此类，不胜枚举，人们在日常的生活中总结了很多经验，闪烁着智慧的光芒。

总之，大暑三候，大雨正当时也！如《月令七十二候集解》记载：“前候湿暑之气蒸郁，今候则大雨时行以退暑也。”

其中意思是说，三候之时常有大雷雨出现，从而减弱之前的暑湿之气，气候渐渐向立秋转化。

这段时间大家尽量不要坐在外面的木凳上，因为盛夏的气温很高，空气中的湿度也很大，长期放在露天的木料容易吸湿受潮，但是经过高温炙烤后，表面看起来又是干的。人要是长期坐在上面，就容易被湿气侵入体内，引发痔疮和风湿病等。

民间对此也有说法：冬不坐石，夏不坐木。

2. 野泉烟火白云间，坐饮香茶爱此山——习俗

大暑之时，骄阳似火，便有了喝伏茶清凉降暑的习俗。唐朝有个灵一的禅师就写留下了饮茶诗，名字叫《与元居士青山潭饮茶》：

野泉烟火白云间，坐饮香茶爱此山。
岩下维舟不忍去，青溪流水暮潺潺。

对于跳出三界外的灵一禅师而言，喝茶亦是修行。此诗中无论是野泉烟火，还是青溪流水，处处透露出缥缈高远之感，读来甚是清凉。

诗中的那位居士能够和禅师在此清幽之地饮茶论道，想来必是有缘之人。此时，民间的人们忙于生活，就没有这份清新雅致了，若是有了富余时间，用金银花、甘草以及野菊花等性情稍凉的药草泡了伏茶喝，便可解了暑气；若是时间匆忙，来不及细讲究，喝一碗凉开水也是爽心。

我们在电视历剧中经常会看到，某个交通要道或者繁华地带设有茶馆、茶摊之类的场景，像这样的茶通常不会太贵，主要是为路过的行人消暑解渴之用。

持扇纳凉

同样是避暑，我们的大诗人李白就潇洒多了。且看他的《夏日山中》：

懒摇白羽扇，裸袒青林中。
脱巾挂石壁，露顶洒松风。

炎炎夏日，挥扇纳凉当是很爽的事情。然而李白还嫌不解暑，索性“裸袒青林中”。他的裸，只是将头巾取下挂在石壁上，让头顶透气罢了。在今

人看来很平常的事情，在古人看来，这多少有失读书人的形象。

不过，李白本非世间俗人，乃是诗仙呀！是真名士自风流，即便是杨贵妃和高力士，这两个唐玄宗面前的体己人，也得为他磨墨脱靴。再说了，这么个大暑天，找一个无人的青青竹林纳凉，随性一点也没什么不好。

扇子除了引风纳凉之外，在古时还有更深的含义。晋代崔豹在《古今注·舆服》中记载："五明扇，舜所作也。既受尧禅，广开视听，求贤人以自辅，故作五明扇焉。"

如此，扇子竟是远古舜帝时期流传至今，可谓历史悠久。所谓五明扇，指的时古代皇家仪仗中的掌扇，叫作"翣"。

翣，其字上羽下妾。羽，是羽毛扇；妾，侍妾。

两者合起来，让我想起了小时候挤在舞台下看戏剧的场景。但凡皇帝出场，必然会有一队宫女手执高大华丽的羽毛扇，左右分站在皇帝身侧。

六宫粉黛，三千佳丽，她们无一不是皇帝的女人。所谓翣，其实就是皇帝的侍妾高举羽毛扇站在身边的形象——其实最初目的很简单，就是专职为九五至尊障日挡风，到了后来，渐渐成为了一种仪式。

秦、汉之时，公卿贵族也有了用扇的资格。扇子也由原先单一的扇形，发展成多彩多姿的方形、圆形、六角形之类，而材料也转变为丝绢，称之为纨扇。

古代著名的才女班婕妤，曾经是汉成帝的宠妃，后来渐渐被冷落，曾经就写就《怨歌行》，以扇自比：

新裂齐纨素，皎洁如霜雪。

裁为合欢扇，团团似明月。

出入君怀袖，动摇微风发。

常恐秋节至，凉飙夺炎热。

弃捐箧笥中，恩情中道绝。

淮南王刘安在《淮南鸿烈》中写过这样的话：“夏日不披裘，冬日不用翣。”

扇子的命运，随着季节的转换命运大为不同。昔日爱物过了时节，也不过弃若敝屣。古时女人如扇，岂不悲伤？

班婕妤还好，总是有智慧、有见识的女子，才华可以自保。只是有太多的红颜，她们的下场却是凄凉。

一样的挥扇纳凉，明宣宗的《咏撒扇》让它回归了本真：

湘浦烟霞交翠，剡溪花雨生香。

扫却人间炎暑，招回人间清凉。

身为皇帝，而且还是一个不错的皇帝，朱瞻基有这样的自信和能力。

隋唐之后，羽扇、纨扇以及绘着花鸟鱼虫的纸扇大量出现，扇子被文人骚客视为风雅的爱物，一边挥扇一边吟诗作赋——倒如前面提到的李白。

相比之下，唐朝李峤写的《扇》要朴实多了：

翟羽旧传名，蒲葵价不轻。

花芳不满面，罗薄讵障声。

御热含风细，临秋带月明。

同心如可赠，持表合欢情。

翟羽，指用野鸡尾巴上的羽帽做成的扇子，颜色五彩缤纷，非常靓丽！羽扇一词便来源于此，始于殷商。蒲葵是棕榈科树木，叶子常用来做扇。

度暑粥

宋朝的李重元写了《忆王孙·夏词》：

风蒲猎猎小池塘，过雨荷花满院香，沉李浮瓜冰雪凉。竹方床，针线慵拈午梦长。

这阕词读来让人如饮冰雪，夏日的午后风儿吹拂，雨后的荷花满院飘香——其实，此时若是采摘一些荷叶，和粳米、冰糖等物熬煮清凉粥降暑，如此甚好。

大暑时节，喝粥度暑是我国各地盛行的传统。作为消暑佳品，绿豆百合莲子粥、红枣银耳菊花羹，放入薏米、豆类、粳米，乃至西瓜皮等都是做粥的上好材料。若是祛湿、滋补，加入茯苓、山药甚好。

明代李时珍就对粥类持肯定态度，他在《本草纲目》中写道："每日起食粥一大碗，空腹胃虚，谷气便作，所补不细，又极柔腻，与肠胃相得，最为饮食之妙也。"

除了度暑粥，夏季瓜果飘香，大量上市，多吃果蔬营养更加均衡。《黄帝内经》也曾记载："谷肉果菜，食养尽之。"

当此炎热之时，蔬菜类黄瓜、苦瓜、茄子、莲藕等均是妙物；水果之中西瓜、葡萄、香蕉、桃李等味美甘甜。

古人在盛夏喜欢将瓜果放在深井之中，用清冷甘凉的井水镇一镇。食用之时便是满腹清凉，如饮冰雪——譬如李重元，"沉李浮瓜冰雪凉"，多么逍遥！

造冰

对付酷暑，古人的智慧是无穷尽的，你看宋朝的郭印就在《苦热和袁应祥用韦苏州乔木生夏凉流云吐华月》一诗发出了感慨：

古人夏造冰，秘诀从谁发。

胸次斡乾坤，手中提日月。

据《周礼》记载："冬季取冰，藏之凌阴，为消暑之用。"

秘诀就是一层窗户纸，点明了其实也简单，但是往往就是走出第一步的人伟大，后辈之人若是在享用之余，发扬光大更好。

想要将冬季之冰保存到炎炎夏日并不容易，必须挖出专门的冰窖贮藏。古人窖藏的冰块，可以用来室内降温，可以用来调制美食。五代时的王仁裕在《开元天宝遗事》中写道："杨氏子弟，每至伏中，取大冰使匠琢为山，周围于席间。座客虽酒酣而各有寒色……"

好豪华的人造空调呀！这位杨氏子弟不是别人，乃是杨贵妃堂兄杨国忠是也。

他们此时喝的酒，也非寻常之物，乃是将冰块置于酒中而饮。套用现代某广告词，那感觉真是"透心凉，心飞扬！"

南宋王朝的避暑手段也是别出心裁，他们会将数不清的姹紫嫣红置于前庭大院，然后动用大功率的"风扇"吹风，这样满殿俱是花香弥漫，清凉无比。

心静自然凉，身体舒服了，也就有心情享用美食了。比如宋代杨万里就品味了一道名叫"冰酪"的美食：

似腻还成爽，如凝又似飘。
玉来盘底碎，雪向日冰消。

元朝的忽思慧在《饮膳正要》中写道："牛乳中取浮凝，熬而为酥，取上等酥油，约重千斤之上者，煎熬，过滤净，用大磁瓮贮之。冬月取瓮中心不冻者，谓之醍醐。"

清朝的朱彝尊在《食宪鸿秘》中有更烦琐的记载："从乳出酪，从酪出酥，从生酥出熟酥，从熟酥出醍醐。牛乳一碗，掺水半盅，入白面三撮，滤过，下锅，微火熬之，待滚，下白糖霜。然后用紧火，将木杓打一会，熟了再滤入碗。糖内和薄荷末一撮最佳。”

哈！这玩意若是加上冰块冷冻，不就是杨万里诗中“似腻还成爽，如凝又似飘”的冰酪嘛！现代人称之为冰淇淋。

元朝时为皇帝讲经的陈基也说了：“色映金盘分外近，恩兼冰酪赐来初。”

这冰酪传到意大利，优哉游哉转了一大圈，变成冰淇淋了——意大利的马可波罗到元大都住几年，收获颇丰。

到了清朝，北京街头夏日饮冰已然是寻常事。可以用酸梅、玫瑰、木樨和白冰糖熬煮，最后用冰块镇之；可以用西瓜汁加入冰块镇凉解暑——若是用文火熬制黏稠，再用冰块冻一冻，那便是色泽形态更为诱人的琥珀糕了。

如此种种不胜枚举，总而言之一句话：万万不可贪凉伤了脾胃。生命在于运动，得空多走走路，适当爬山、慢跑对于身体益处还是非常大的。

第三章／秋日凄凄，百卉具腓

第一节　立秋

1. 大火西流又立秋，凉风至透内房幽——候应

大火西流又立秋，凉风至透内房幽；
一庭白露微微降，几个寒蝉鸣树头。

立秋是二十四节气中的第十三个节气，也是秋季的第一个节气。每年公历 8 月 8 日前后交节，此时太阳到达黄经 135 度，北斗星指向西南。

按照《月令七十二候集解》的说法，立秋乃是七月之节，夏季过去而秋天开始。秋,“物于此而揫敛也”。自此,天气慢慢转凉,如同民谚所云“一场秋雨一场寒”。

从气候学的角度，立秋并不代表秋季已经到来，只有当地的候平均温度降到 22℃以下，才算进入了真正的秋天。而我国由于幅员辽阔，很多地区在立秋之时依然是骄阳肆虐，令人酷热难耐，有秋老虎之称。

所谓秋老虎，是指立秋之后短期内的气温回热天气，持续时间一星期到半月左右。但是总的来说，早晚较凉，可以感受到丝丝秋意。

秋天，更是收获的季节。

当此时节，古人将立秋分为三候，默默感受着每一候的细微变化，等待着收获的那一天早日到来。

立秋初候：凉风至

凉风至，按照《礼记》本是“盲风至”；凄清之风，自西而来，因此被

称之为凉风。

三伏未出，立秋已至。不过随着节气的到来，人们可以感受到秋风的丝丝凉意，和暑热时的风已经有所不同。

最有代表性的当时唐朝齐己的《新秋》一诗：

始惊三伏尽，又遇立秋时。
露彩朝还冷，云峰晚更奇。
垄香禾半熟，原迥草微衰。
幸好清光里，安仁谩起悲。

齐己本是晚唐著名诗僧，其写诗风格儒雅清和，才华出众，获得后世名家很高评价。比如大家耳熟能详的纪晓岚认为："唐诗僧以齐己为第一。"

此诗通过"露彩朝还冷，云峰晚更奇"，将立秋之时的气候特征描写得淋漓尽致。

而"垄香禾半熟，原迥草微衰"更有意境：秋之一字，本由"禾"与"火"合二为一，预示着禾苗经过夏季流火天气的淬炼之后，日渐饱满、成熟，只消假以时日，收获的秋天便来了。

诗人嗅着田垄上半熟的稻谷香，缓缓前行。

西风微微，路边的野草似乎也感知到了凄清之气，没有了从前的茂盛与昂扬。

俗话说，人生一世，草木一秋。诗人的心，透着一丝悲悯与哀伤。

秋天，似乎总与清愁联系在一起。

齐己的诗，让我想起了马致远的《天净沙·秋思》：

枯藤老树昏鸦，小桥流水人家，古道西风瘦马。夕阳西下，断肠人在天涯。

孤独的旅人漂泊在外，触目皆是愁思，本身足以让人肠断。这样的诗，在我看来：论笔力，古今无人能比马致远。

可是纳兰性德似乎有些不服气，你看他也写了一阕有关西风的词，《临江仙·寒柳》：

飞絮飞花何处是，层冰积雪摧残，疏疏一树五更寒。爱他明月好，憔悴也相关。

最是繁丝摇落后，转教人忆春山。湔裙梦断续应难。西风多少恨，吹不散眉弯。

若论无故寻愁觅恨，女子当属林黛玉，男儿便是纳兰性德了。

千错万错，错在西风。留下了，多少恨！

只是啊，这“愁”之一字，本是秋天的有心人所写就。

立秋二候：白露降

《月令七十二候集解》上说：“大雨之后，清凉风来，而天气下降茫茫而白者，尚未凝珠，故曰白露降，示秋金之白色也。”因此，清晨会有雾气产生。唐朝的韦应物写了一首《凌雾行》：

秋城海雾重，职事凌晨出。
浩浩合元天，溶溶迷朗日。
才看含鬓白，稍视沾衣密。
道骑全不分，郊树都如失。
霏微误嘘吸，肤腠生寒栗。
归当饮一杯，庶用蠲斯疾。

凌晨的海边，大雾弥漫，虽然看上去有如瑶池仙境一般，然而诗人行走其中，却是冷得很。

啥也别说了，赶紧回家喝上一杯暖一暖吧！

当此时节，由于早晚温差渐渐增加，夜间湿气接近了地面，在清晨形成白雾，但是尚未凝结成露珠。

同样的天气，若是在北方等内陆地区，清晨时分的丝丝凉意会给行人带来舒服的感觉。但是诗人当时置身的海边，空气湿度较大，难怪要寒栗骤起了。

一样的为朝廷公干，唐朝的李乂奉命登上骊山写了一首应制诗：

崖巘万寻悬，居高敞御筵。

行戈疑驻日，步辇若登天。

城阙雾中近，关河云外连。

谬陪登岱驾，欣奉济汾篇。

站在骊山之巅，一句“城阙雾中近，关河云外连”，使得该诗意境变得高远了几分。或许是所处地理环境不同，眼中的景色也不同。

谁说秋景让人徒增哀愁？我看不然，一切皆因心境而变！

立秋三候：寒蝉鸣

寒蝉，也是蝉的一种，也叫寒螀、寒蜩等。

“《尔雅》曰寒螀蝉，小而青紫。马氏曰物生于暑者，其声变之矣。”出自《月令七十二候集解》。

寒蝉一词的由来，出自蔡邕《月令章句》：“寒蝉应阴而鸣，鸣则天凉，故谓之寒蝉也。”

之前我们就说过，蔡邕是东汉时期的一个大学问家，颇有盛名。他是蔡文姬的父亲，更是曹操的老师。这一节再补充一点，具有古代四大名琴之称的焦尾琴，就是蔡邕从燃烧的大火中抢救出来制成的。

能够七步成诗的大诗人曹植，在《赠白马王彪》诗中也写到了寒蝉，其诗曰：

踟蹰亦何留？相思无终极。
秋风发微凉，寒蝉鸣我侧。
原野何萧条，白日忽西匿。
归鸟赴乔林，翩翩厉羽翼。
孤兽走索群，衔草不遑食。
感物伤我怀，抚心长太息。

很明显，曹植这首诗是感怀诗。诗人虽然才高八斗，怎奈其兄魏文帝曹丕容不下他，屡屡加害。

写这首诗的时候是在公元223年，当时他和同母兄长任城王曹彰以及异母兄弟白马王曹彪，三人一起回到京师洛阳参加“会节气”活动。

没有想到的是，平素“武艺壮猛，有将领之气”任城王曹彰莫名暴死京城。

兄弟携手而来，归途却只剩下二人，曹植颇为忧伤。归途中，曹丕还特意派了监国使者灌均负责监视各藩王，严令他们相互接触。曹植有感于心，愤怒之下写就了此诗。

该诗分为七部分，上面的寒蝉诗为其四。最后，曹植毅然收起眼中泪，嘱咐兄弟白马王曹彪：

苦辛何虑思？天命信可疑。

虚无求列仙，松子久吾欺。
变故在斯须，百年谁能持？
离别永无会，执手将何时？
王其爱玉体，俱享黄发期。
收泪即长路，援笔从此辞。

据南朝宋时的政权文学家刘义庆在《世说新语·尤悔》所写，任城王曹彰是被曹丕用毒枣所害。至于曹植，他的后半生顶着藩王的头衔在软禁中度过。

所以，就曹植当时的处境而言，用“秋风发微凉，寒蝉鸣我侧”形容，最合适不过。

虽说的秋风秋景愁煞人，不过唐朝的刘禹锡偏不信邪，且看他写的《秋词》：

自古逢秋悲寂寥，我言秋日胜春朝。
晴空一鹤排云上，便引诗情到碧宵。

我觉得诗人的心态甚好，春华秋实，一切都是自然规律，何必伤春悲秋呢？人的一生总是要不断前行的，不以物喜，不以己悲，最好。

2. 西郊穑事欲迎秋，旱魃肆凶犹未收——习俗

宋代的刘应时写了《郊行》一诗：

西郊穑事欲迎秋，旱魃肆凶犹未收。
卷地黑风吹雨散，稻花飘荡满天浮。

我国远在周朝时期，便有西郊迎秋的习俗。立秋之日，天子乘兵车、驾白马、着白衣、佩白玉，亲率三公、九卿、诸侯、大夫到西郊举行隆重的秋祭仪式。

古代神话传说中，蓐收主管秋收秋藏，形象是“左耳有蛇，乘两条龙”，为白帝少昊的辅佐神。

对此，古籍记载较多。比如《礼记·月令》：“（孟秋之月）日在翼，昏建星中，旦毕中。其日庚辛，其帝少皞，其神蓐收。”东汉末年的经学大师郑玄，对此有批注：“蓐收，少皞氏之子，曰该，为金官。”

明末程允升的《幼学琼林》也说：“西方之神曰蓐收，当兑而司秋，庚辛属金，金则旺于秋，其色白，故秋帝曰白帝。”

秋祭之时，天子和王公大臣们神情肃穆，“歌《西皓》、八佾舞《育命》之舞”，仪式颇为隆重，且天子还要亲自“入圃射牲，以荐宗庙”。

如此郑重其事，也是希望秋神保佑国泰民安，获得丰收。不过从上面诗作的内容看，当年遇到了旱灾，年景并不好。

确实，从气候上讲立秋前后我国大部分气温还很高，农作物生长旺盛。此时，水稻、大豆、玉米等急切需要雨水的滋润，若是逢干旱天气，便会造成难以弥补的损失。

也难怪诗人看到，“卷地黑风吹雨散，稻花飘荡满天浮”的情景忧心不已。假如交节之时下了三场好雨，便是“秕稻变成米”的丰收景象了。

那时，上至天子、下至百姓，简直是欣喜若狂。不说别人，且看宋朝的陆游乐成啥样了：

画檐鸣雨早秋天，不喜新凉喜有年。眼里香粳三万顷，寄声父老共欣然。

五十衰翁发半华，犹能把酒醉天涯。丝毫美政何曾有，惟把丰年赠汉嘉。

咱们跟着放翁一起开怀的同时，还需费点心记下这阕词长长的名字：《癸巳夏旁郡多苦旱惟汉嘉数得雨然未足也立秋夜三鼓雨至明日晡後未止高下沾足喜而有赋》。

却原来，好雨知时节，当“秋”乃发生呀！

报秋

我国古代还有报秋的习俗。

立秋当天，宫内专人将盆栽的梧桐移进大殿之中。待到立秋时辰一到，太史立刻上奏：“秋来了！”奏毕，梧桐叶便应声掉下一、两片。

一叶落而知秋，便是这个道理。

左河水有一首《立秋》，为世人所熟知，比较有代表意义：

一叶梧桐一报秋，稻花田里话丰收。
虽非盛夏还伏虎，更有寒蝉唱不休。

类似的古诗如宋代的程颢，也写了一首《秋》应节：

洗涤炎埃宿雨晴，井梧一叶报秋声。
气从缇室葭莩起，风向白蘋洲渚生。

另外唐代的鲍溶在《始见二毛》中也是心生感慨：

玄发迎忧光色阑，衰华因镜强相看。
百川赴海返潮易，一叶报秋归树难。
初弄藕丝牵欲断，又惊机素翦仍残。
颜生岂是光阴晚，余亦何人不自宽。

该诗最佳便是这句：“百川赴海返潮易，一叶报秋归树难。”

时光流逝，红颜易老，任谁也无法更改。你看唐朝的韩翃就发出了如此忧虑：

章台柳，章台柳！昔日青青今在否？纵使长条似旧垂，也应攀折他人手。

回想那年初相遇，还是天宝年间，当时韩翃还是一介布衣，并无功名在身。一次去好友李生家赴宴，韩翃看到了李家的爱姬柳氏，便觉惊艳，而柳氏也爱慕韩翃之才，芳心暗许。两下里有意，眉眼间便绽开了爱情的火花。李生看在眼里，也愿成人之美，于是慷慨解囊赠资三十万，玉成了美事一桩。

婚后，夫妇二人你侬我侬，爱得难分难解。所谓春风得意马蹄疾，第二年韩翃便科举高中，少不得回乡省亲。于是柳氏独自留在了长安，等候她的良人归来。

谁曾想，安史之乱爆发，两京沦陷，一场兵戈就此隔开了两个相爱的人。

柳氏一介女流，又生来美艳多姿，乱世之中保全自己便成了一件难事。她想来想去，或许最好的办法便是出了这三界红尘浊世，于是狠心剪去了满头青丝，入法灵寺为尼，韩翃成为了淄州节度使侯希逸的书记。

恐怕他二人也没想到，离别的时光竟然如此漫长，然而彼此的心，却牵挂着对方。好容易长安初定，韩翃便派密使带了一囊碎金暗访柳氏，还有上面的一阕《章台柳》。

历经如此大的风波，韩翃的心是惶惑的，他不能保证现在的柳氏还如从前一般，所以才犹豫地说出：“纵使长条似旧垂，也应攀折他人手。”

恐怕，柳氏捧着这阙词，内心也如黄连拌蜜一般。苦，他竟然疑惑着她；甜，他是爱她的呀！

柳氏呜咽难忍，也答赠了一阕《杨柳枝》：

杨柳枝，芳菲节。可恨年年赠离别。一叶随风忽报秋，纵使君来岂堪折。

事实证明，韩翃的担忧是有道理的。很快，番将沙吒利便霸道地劫去了柳氏。

还好，故事的结局比较光明：大约是虞侯将许俊设计将柳氏救了出去，而韩翃也成了唐德宗身边的红人。于是皇帝做主，将柳氏判归了韩翃。

此事就此尘埃落定，韩柳自此过上了花好月圆的幸福生活。

可见，一叶报秋，不仅带来的秋天的凄清之气，更是收获之喜。

七夕

立秋时节，夏季余热未退，唯有到了夜晚是最惬意的时光，如同杜牧《秋夕》所语：

银烛秋光冷画屏，轻罗小扇扑流萤。
天阶夜色凉如水，卧看牵牛织女星。

此诗一动一静，画面感极强，寥寥几语便将古代深闺女子秋夜纳凉的形象跃然纸上：

银烛摇曳，秋月如水。诗中的女子手握轻罗小扇如同脱兔一般捕捉着闪烁的流萤，她独自玩了一会，大约是百无聊赖吧，便静静地望着天边的牵牛星和织女星发呆。

牵牛星和织女星的典故出自于我国古老的神话故事。对于这个故事相信很多人烂熟于胸，大概的意思是：

王母娘娘的外甥女织女爱上了人间的放牛郎，便偷偷下凡私自结为夫妻。婚后他们生育了一子一女，可惜的是万恶的王母娘娘很快就发现了他们的私情，于是下界将织女捉了回去。

牛郎用箩筐挑起了一双儿女，披着老牛临死留下的皮就追了上去。王母娘娘带着织女在前面飞，牛郎紧追不舍……眼看就要追上了，王母娘娘拔下头上的金簪在身后一划，于是，眼前出现了一道银河。

就这样，牛郎和织女一个在河东、一个在河西，二人只能遥遥相望，再也无法相见。可怜织女在河那边哭，箩筐里的儿女们在另一边啼。最后飞来飞去的喜鹊看不下去了，便集体在银河上方搭起了一座桥，每年的七月初七一家人在鹊桥上相见。

这便是七夕的由来。据说到了晚上，我们到葡萄架下便可以偷听到他们夫妻二人的绵绵情话。

牛郎和织女的故事最早可以追溯到西周时期，语出《小雅·大东》：

维天有汉，鉴亦有光；跂彼织女，终日七襄。虽则七襄，不成报章；睆彼牵牛，不以服箱。

意思是说，天上银河虽然又宽又广，当作镜子空有光；织女星每日七次移位忙，无法织出好花样；再看牵牛星亮闪闪，无法用来驾驶车辆。

诗中这怨气满满，大约是心系对方，没法好好工作吧？也难怪王母默许七夕喜鹊搭桥了。

七夕因此衍生出两个含义，一是乞巧，女孩子们在这一天竞相以针凿女工炫技，以示巧慧；其二，适宜谈情说爱，相恋的男女喜欢在这一天向对方表白。

形容七夕爱情的古诗有很多，比如北宋秦观的《鹊桥仙》：

纤云弄巧，飞星传恨，银汉迢迢暗度。

金风玉露一相逢，便胜却人间无数。

柔情似水，佳期如梦，忍顾鹊桥归路。

两情若是久长时，又岂在朝朝暮暮。

相比其他诗句苦情，该诗也算是独抒胸臆了。“两情若是久长时，又岂在朝朝暮暮”因此成为千秋名句。

贴秋膘

俗话说，一夏无病三分虚。炎炎夏日过去，人们也要开始贴秋膘了，吃点肉，争取把过去几个月掉了的膘给找补回来。

贴秋膘之前，大家要先称称体重，和立夏时做个对比看看瘦了多少：过去人们生活水平普遍不高，在他们最朴素的意识中，胖瘦是检验健康最直接的标准。

由于夏季出汗多，大部分人的体重都减轻了。此时，人们就要吃肉补膘，红烧肉、红烧鱼、白切肉、饺子都可以。

在很多人家看来，饺子是最好的美食了。正所谓，入伏的面条立秋的饺子。

不过对于苏东坡这种资深吃货看来，最好吃莫过于炖一锅软糯的好猪肉了。且看他的《猪肉颂》：

净洗铛，少著水，柴头罨烟焰不起。待他自熟莫催他，火侯足时他自美。黄州好猪肉，价贱如泥土。贵者不肯吃，贫者不解煮，早晨起来打两碗，饱得自家君莫管。

吃肉解了馋，也要防止积食。心灵手巧的主妇们便用萝卜籽和炒米粉调和做成“白药”，家里大人小孩都吃上一些。

另外也有给孩子喝绿豆粥、服酒糊的，据说吃了之后孩子长得又高又壮。

立秋之后，细菌繁殖有害人体健康，此时要防止痢疾等疾病。山东等地喜欢将豆末和菜做成小豆腐，本地人叫作“渣”。据说，吃了可以防止肠胃病，民谚说：吃了立秋的渣，大人小孩不吐也不拉。

河南、浙江、云南等地则盛行吃赤小豆防止疟疾，也有人们用喝太阳晒过的新鲜井水防止痢疾和痱子的。

如此种种，是在从前科学技术、生产生活水平相对较低的情况下，人们自发的健康意识。情况较好的人家，也会采取服用“清暑方”的办法预防肠胃病。

更多时候，人们贴秋膘补了肉，会高高兴兴捧个大西瓜、煮熟的玉米棒子，还有四季豆啃秋，以应节令。

荤素搭配，古人的营养价值观挺好！

第二节　处暑

1. 一瞬中间处暑至，鹰乃祭鸟谁教汝——候应

一瞬中间处暑至，鹰乃祭鸟谁教汝；

天地属金始肃清，禾乃登堂收几许。

处暑是二十四节气中的第十四个节气，每年公历 8 月 23 日左右交节，此时太阳到达黄经 150 度，北斗星依然指向西南。

而处暑一词的来历，《月令七十二候集解》的意思是“七月中，处，止也，暑气至此而止矣。”简单地说，就是炎热的暑夏到此就要结束了。

此时，尽管北京、太原、西安、成都以及贵阳一线以东和以南地区，还有新疆塔里木盆地等日平均气温依然在 22℃以上，但是随着冷空气的频频南下，这些地区的气温在明显下降。

处暑时节，我国东北、西北、华北地区迎来了艳阳天，天高云淡、秋高气爽。在冷空气和暖湿气流的双重作用下，会有绵绵秋雨降落，而且每下一场雨，气温就会明显下降，如同民谚所说：一场秋雨一场寒。

我国南方地区，秋老虎的威力依然不减，待到感受到微微凉意，已经到了处暑尾声了。此时若是遇到夏秋连旱的天气，要注意加强秋季防火。

总的来说，处暑之时昼夜温差大，有的地方容易遭遇大风和冷雨天气，冷暖不均，容易感冒。此外，人们还要注意防止呼吸道和肠胃方面的疾病，莫让病菌在多事之秋找您的麻烦。

不过，对于农作物来说，此种气候特征可以让它们加快成熟，一天一

个模样。如同谚语所云：处暑禾田连夜变。

当此时节，古人将处暑分为三候。

处暑初候：鹰乃祭鸟

处暑第一候，老鹰开始捕杀鸟类。《集解》认为，“鹰，义禽也，秋令属金，五行为义，金气肃杀，鹰感其气，始捕击诸鸟，然必先祭之，犹人饮食祭先代为之者也，不击有胎之禽，故谓之义。”

古人认为秋季属金，主肃杀之气。当此时节，皇帝下令武将率领军士们操练战术，守卫边疆、保家卫国。

有关这方面古诗有很多，比如陆游的《秋波媚·七月十六日晚登高兴亭望长安南山》：

秋到边城角声哀，烽火照高台。悲歌击筑，凭高酹酒，此兴悠哉。

多情谁似南山月，特地暮云开。灞桥烟柳，曲江池馆，应待人来。

当时的南宋小朝廷偏安一隅，诗人壮志未酬，字里行间透露出悲凉之感。再看他的《秋夜将晓出篱门迎凉有感》，风格依然如此：

三万里河东入海，五千仞岳上摩天。

遗民泪尽胡尘里，南望王师又一年。

读陆游的诗，总是让人壮怀激烈，一腔悲愤！

北宋时期的范仲淹也写了一首《渔家傲·秋思》：

塞下秋来风景异，衡阳雁去无留意。

四面边声连角起。

千嶂里，长烟落日孤城闭。

浊酒一杯家万里，燕然未勒归无计。
羌管悠悠霜满地。
人不寐，将军白发征夫泪。

当时北宋边防守卫薄弱，西夏连年侵犯，宋兵从延州一再败退，战后，诗人恰好出任陕西经略副使兼延州知州。

由于延州恰好是西夏出入关口的要塞边城，颇受战火残害，城寨皆被焚烧掠尽，以至于戍兵皆无壁垒可守，只得散处城中。诗人所写，诗中有情，情中有景：

一句“塞下秋来风景异”，让人顿生萧瑟异样之感，而“衡阳雁去无留意”更觉荒凉。

“千嶂里，长烟落日孤城闭”一句，辽阔之中透出了肃杀之气，让人牢牢记住了这里曾经是战场，将士们与敌人进行过殊死的搏斗。

尽管诗人以汉朝窦宪追击北匈奴，在出塞三千余里的燕然山勒石记功的典故表达了自己功业未就、边患未平的忧虑之情，但是范仲淹在任期间，严格选拔将士、勤勉练兵，不断增设城堡，甚至联络羌人以夹攻西夏，取得奇效。以至西夏流传：“小范老子腹中有数万甲兵。”

诗人此举和翱翔碧空、搏杀诸鸟的雄鹰何异？

最后两句：“羌管悠悠霜满地。人不寐，将军白发征夫泪。”不过是范仲淹的侠骨柔肠之情、体恤将士的仁义之心。

你看，处暑时节的雄鹰，捕杀了猎物之后先行祭祀，然后才自用；而且它也不会击杀有胎的禽鸟，所以被称之为义。

处暑二候：天地始肃

随着天气渐渐变冷，黄叶飘落，万物凋敝。

《集解》如此解释：“二候，天地始肃。秋者，阴之始。故曰天地始肃。”

同样的风景，对于不同的人有不同的心情。比如曹操的《观沧海》：

东临碣石，以观沧海。
水何澹澹，山岛竦峙。
树木丛生，百草丰茂。
秋风萧瑟，洪波涌起。
日月之行，若出其中。
星汉灿烂，若出其里。
幸甚至哉，歌以咏志。

曹公真不愧是一代枭雄，胸有天下！普通文人常常伤秋、悲秋，涕如泪下。他却高居山巅，但见海水浩渺，万物丰盛，于是乎高歌一曲："星汉灿烂，若出其里。幸甚至哉，歌以咏志。"

这样的情怀非常人能有！

相比之下，司马光的《御筵送李宣徽知真定府》多了几分华美之气：

秋风萧瑟引华旌，祖宴高张出斗城。
玉馔芳菲罗百铁，绣衣照耀拥千兵。
骊歌未阕长杨苑，骑吹先临细柳营。
雨露浓恩何以报，沙场不惜树功名。

司马光历经仁宗、英宗、神宗、哲宗四朝，位极人臣，该诗风格却也符合他的身份，"雨露浓恩何以报，沙场不惜树功名"当是内心真实写照。

再看曹操之子曹丕的《燕歌行》：

秋风萧瑟天气凉，草木摇落露为霜，群燕辞归鹄南翔。

念君客游思断肠，慊慊思归恋故乡，君何淹留寄他方？
贱妾茕茕守空房，忧来思君不敢忘，不觉泪下沾衣裳。
援琴鸣弦发清商，短歌微吟不能长。
明月皎皎照我床，星汉西流夜未央。
牵牛织女遥相望，尔独何辜限河梁。

该诗前两句颇为写实，秋风萧瑟自然天气凉，问题是堂堂男子写这等扭捏诗句，气度与其父自然不能相比！

如此这般写出一个女子在秋夜对丈夫的思念，也算不错。然而，究竟不能和李白的诗相比：

长安一片月，万户捣衣声。
秋风吹不尽，总是玉关情。
何日平胡虏，良人罢远征。

秋风萧瑟，天地始肃。在这黄叶飘零的季节里，一草一木总关情，可以壮志凌云、气吞山河，如同曹操；可以托物言志，以表寸心，譬如司马光；可以悲秋，先天下之忧而忧……

哈哈，一片真心当属李太白！

不变的，当是千秋明月，灿烂星辰。

处暑三候：禾乃登

禾，是黍稷稻粱、禾麻菽麦等农作物的总称。登，是成熟的意思。稷为五谷之长，首熟此时。

稷，就是北方人常吃的黄小米，和黍的区别，黍的米粒较大，糯而黏。

先秦时期留下的此类诗篇较多，有一首佚名诗写得好：

信彼南山，维禹甸之。畇畇原隰，曾孙田之。我疆我理，南东其亩。

上天同云，雨雪雰雰。益之以霡霂，既优既渥，既沾既足，生我百谷。

疆埸翼翼，黍稷彧彧。曾孙之穑，以为酒食。畀我尸宾，寿考万年。

中田有庐，疆埸有瓜。是剥是菹，献之皇祖。曾孙寿考，受天之祜。

祭以清酒，从以骍牡，享于祖考。执其鸾刀，以启其毛，取其血膋。

是烝是享，苾苾芬芬。祀事孔明，先祖是皇。报以介福。万寿无疆。

该诗名叫《小雅·信南山》，大意如下：

终南山连绵不绝，它是大禹开辟的疆土。这里田野肥沃整齐，后世子孙在此辛勤耕耘。他们不但种好了自己的田地，还将田野向四方开拓。

这里白云飘飘、雨雪霏霏，滋润了土地，让我们的庄稼生长茂盛。

这里的疆界齐整、谷物茂盛，子孙们喜获丰收。他们用粮食酿造了美酒，制成了精美的食品，可以用来款待宾朋。唯愿祖先神灵护佑大家健康长寿。

我们的房屋盖在田间，遮风又避雨。还在田埂边种满了瓜果和蔬菜，又是削皮和切块，做成美味献给了伟大的先祖，愿他们的后代既寿且康。我们能有今天的一切，都是上天赐给我们的福气。

祭坛上斟满了美酒，再献上公牛作为牺牲。先祖灵前满怀诚意将祭品准备好，手持鸾刀刺破牺牲的皮毛，取出它的血肉和脂膏。

美酒黄牛准备好，袅袅芬香惹人醉。祭祀的仪式虔诚又隆重，恭请列祖列宗来享用，愿神灵护佑他们的子孙福寿无疆。

这首诗先后贯穿的时间跨度较长，写下全诗有助于理解人们喜获丰收的愉悦心情。诗的最后几句，表达的是冬祭。

民以食为天，当此收获季节自然欣喜万分。无论时光悠悠过去了多少载，这种质朴的情感不会改变。若是不信，且看陆游的《饮牛歌》多么朴实：

门外一溪清见底，老翁牵牛饮溪水。
溪清喜不污牛腹，岂畏践霜寒堕趾。
舍东土瘦多瓦砾，父子勤劳艺黍稷。
勿言牛老行苦迟，我今八十耕犹力。
牛能生犊我有孙，世世相从老故园。
人生得饱万事足，拾牛相齐何足言！

只要世代传承，辛勤耕耘，何愁幸福生活不至呢？

2. 社日取社猪，燔炙香满村——习俗

立秋之后第五个戊日，大约新谷收获之时，便是社日。秋社日期基本在处暑节令内，此时人们怀着喜悦的心情祭祀土地。

比如陆游的《社肉》一诗就透出了欢天喜地的感觉：

社日取社猪，燔炙香满村。
饥鸦集街树，老巫立庙门。
虽无牲牢盛，古礼亦略存。
醉归怀馀肉，沾遗遍诸孙。

古人尊天亲地，因感念大地之恩封土为社祭祀。社，有春社和秋社。至于土地神的来历，《礼记》记载乃是共工氏之子后土，九州大地都是他的管辖范围。

先秦时期的社神在人们心目中的地位很高，祭祀也非常隆重，通常由天子以及地方首脑主持典礼仪式。社稷一词因此成为国家的象征。

太液澄波镜面平，无边佳景此宵生。

满湖星斗涵秋冷，万朵金莲彻夜明。

逐浪惊鸥光影眩，随风贴苇往来轻。

泛舟何用烧银烛，上下花房映月荣。

这首诗看起来就很美，如镜似的湖面上闪耀着星光点点……难道是漫天的星辰齐聚与此吗？

不，诗人下一句就点明了：原来是“万朵金莲彻夜明”。

莲，通荷。

这首诗的名字就叫作《中元观河灯》。

放河灯，也叫放荷灯。人们将河灯做成荷花形状，里面放上蜡烛，便任它在河水之中漂流。这种习俗在我国流传了数千年，蕴含了多种文化含义。

远在周朝时期，周公便会百官于洛水之上，在放酒杯的盏中点灯，流水以泛酒——明朝杨慎在《兰亭会》中记载：“昔周公营邑，三月上巳日会百官于洛水之上，因流水以泛酒，故逸诗有云：‘羽觞随波。’今日虽非洛邑，惟愿羽觞随波。”

这大约便是最原始的河灯了。

海边的渔民出海启航时，会用木板竹筏做一条小船，上面放上祭品和蜡烛，然后用彩纸做成船帆和灯笼，放入大海漂流，以此祈求海神的护佑。

到了春秋时期，两军厮杀时有将士阵亡，人们便在船上装扮鲜花燃灯对死者进行水葬，此时，便有了祭祀亡灵的含义。

后来随着宗教的兴起，从道教中元节的法会到佛教的盂兰盆会，官方索性将二者合并。如明代诗人王象春在《齐音》中记载：“德藩于孟秋之望，建盂兰大会，燃放河灯，招僧诵经施食，追悼亡魂。”

清朝的著名词人纳兰性德在中元节这一天想起了亡妻，不由神伤，写下了一阕《眼儿媚·中元夜有感》：

手写香台金字经，惟愿结来生。莲花漏转，杨枝露滴，想鉴微诚。
欲知奉倩神伤极，凭诉与秋擎。西风不管，一池萍水，几点荷灯。

唉，他倒是情深之人，结果自己也寿夭难保，若是亡妻卢氏有知，也难心安。

中元之夜，有很多和纳兰一样的伤心之人，他们亲手做好了精美的河灯，愿涓涓的流水带走他们对亲人的思念，留下平安与幸福。

第三节　白露

1. 无可奈何白露秋，大鸿小雁来南洲——候应

无可奈何白露秋，大鸿小雁来南洲；
旧石玄鸟都归去，教令诸禽各养羞。

白露是二十四节气中的第十五个节气，也是干支历申月结束、酉月开始的时间。每年公历 9 月 8 日前后交节，此时太阳到达黄经 165 度。

此时气温降低，水汽在地面、树叶以及接近地面的物体上凝结成许多白色的水珠。古人认为秋天属金，金色白，便用白露形容秋天的露水。

不知不觉白露已然到来，从气候学的角度讲，这段时间白天的温度依然可以达到 30 多度，但是夜晚温差较大，直接下降到了二十几度。此时人们要避免着凉，切勿赤身露体。

民谚说，“白露白迷迷，秋分稻秀齐。”它的意思是说，如果白露交节前后可以看见露水，当年的晚稻肯定能获得丰收。

当此时节，随着太阳直射地面位置逐渐南移，北半球的日照强度变弱了，时间变短了，我国大部分地区告别了高温天气。此时，冷空气也频频南下，就连风向也渐渐转变为冬季的偏北风，凉爽的秋风吹遍了淮北大地，成都、贵阳等地的日平均气温下降到了 22 度以下。

此时，人们根据自然界的候应现象安排着农时，有人忙着收获大豆、谷子和高粱，有人忙着播种冬小麦，而南方的人们则忙着采摘秋茶和灌溉晚稻——若是逢了阴雨低温天气，则要注意防治稻瘟病等。

白露是一个很美的词语，生活中不仅有现实的躬耕，还有诗和远方。因为我总是会忍不住想起《国风·泰风·蒹葭》中那位美丽的女孩：

蒹葭苍苍，白露为霜。所谓伊人，在水一方。溯洄从之，道阻且长。溯游从之，宛在水中央。

蒹葭萋萋，白露未晞。所谓伊人，在水之湄。溯洄从之，道阻且跻。溯游从之，宛在水中坻。

蒹葭采采，白露未已。所谓伊人，在水之涘。溯洄从之，道阻且右。溯游从之，宛在水中沚。

像这样的“伊人”，大约是可遇不可求的。古往今来，有多少的文人墨客魂牵梦绕，一唱三叹息。

“蒹葭苍苍，白露为霜。所谓伊人，在水一方……”就让我们沿着《诗经》的韵律回过头看一看，古人对此季节有着怎么样的感悟。

白露初候：鸿雁来

《月令七十二候集解》上说：“鸿大雁小，自北而来南也，不谓南乡，非其居耳。”

鸿，大雁中类似天鹅的鸟类泛指鸿。古人将大雁、天鹅这种飞行高远的鸟类称为鸿鹄。雁，指的是大雁。

此时鸿雁感知气候变化，成群结队从北方飞往南方。古人常常以此表达游子思乡之情，类似的古诗有很多。比如先秦时期的《小雅·鸿雁》：

鸿雁于飞，肃肃其羽。
之子于征，劬劳于野。
爰及矜人，哀此鳏寡。

鸿雁于飞，集于中泽。

之子于垣，百堵皆作。

虽则劬劳，其究安宅。

鸿雁于飞，哀鸣嗷嗷。

维此哲人，谓我劬劳。

维彼愚人，谓我宣骄。

该诗以鸿雁飞鸣形容出外徭役之人的劳累与辛酸：自己丢下家中亲人，如同鸿雁一般流浪，居无定所。诗风哀而不怒，寄希望管理者如同哲人一样明智，理解大家的痛苦。

这样的感悟是深邃的，历史在不断地前行。到了汉武帝时期，苏武出使匈奴被扣，誓死不降。19 年过去了，汉朝已经是汉昭帝天下，苏武依然身带使臣身份的旌节在北海牧羊。

终于，汉朝派人和匈奴交涉要求释放苏武。匈奴单于不愿放人，假说其人已经死亡；当汉使第二次出使匈奴的时候，当年和苏武一同出使的副使者，买通狱卒见到汉使说明情况。为了击破匈奴单于的谎言，二人商量下了鸿雁传书的对策。

第二日，汉使见到单于说："汉皇在上林苑射下了一只大雁，雁足上有一封帛书，上面写苏武被困在一个大泽中牧羊。单于既然有心和汉朝交好，怎么能欺骗世人呢？"

单于一听大惊失色，以为是苏武的坚贞打动了天上的鸿雁，因此代为传书，只好放苏武归汉。

从此，鸿雁传书成为了千古佳话。

时光流转，渐渐到了唐朝。那一年，也是秋天的白露时节，张九龄看到鸿雁南飞，想起了远在梅岭的二弟，他涕泪交流，于是，写下了这样一首诗：

鸿雁自北来，嗷嗷度烟景。
常怀稻粱惠，岂惮江山永。
小大每相从，羽毛当自整。
双凫侣晨泛，独鹤参宵警。
为我更南飞，因书至梅岭。

诗人以“小大每相从，双凫侣晨泛”幻想着兄弟二人一起时的美好时光，于是满怀希冀，愿鸿雁能够传书至梅岭，带去他的思念之情。

类似这样的诗词有很多，就不一一而叙了。若是抛去人类一厢情愿的幻想，鸿雁之所以南飞，是因为北方的冬季即将到来，食物匮乏，因此成群结队飞到温暖的南方去了。

然而这世界，因为万物有情所以变得美好，两两相好，自然相看两不厌。

白露二候：玄鸟归

鸿雁南飞之后又五日，玄鸟归，燕去也。

此情此景怎不让人伤心？你看那元朝的张可久一曲《塞鸿秋·春情》已是芳心欲碎：

疏星淡月秋千院，愁云恨雨芙蓉面。
伤情燕足留红线，恼人鸾影闲团扇。
兽炉沉水烟，翠沼残花片。一行写入相思传。

那稀疏的星辰、淡淡的秋月，把秋月院落衬托得愈发冷冷清清。诗人那一张芙蓉似的面孔写满了愁云与恨雨，却是为何？

此时她想起了两个典故，一个是燕足留红线：

相传，前朝末年有个名叫姚玉京的妓女，从良嫁给了敬瑜为妻。只可惜花好月不圆，夫婿不幸早逝，玉京自此不嫁他人，只一心以公婆为念。

无数个孤独的春夜，常有梁间一双燕子与她相伴，然而，即便是这样的日子也不久长：一只雄鹰飞来捉走了其中一只燕子，而另一只孤燕悲鸣不息，它停留在玉京的臂上，想要与她作别。

玉京聪明，将一根红线系在燕足之上，悄声嘱咐那只孤鸟——且莫伤心，待得明年春暖花开，你再来这里，与我一起相伴吧！

燕子解语，恋恋不舍飞走了。等到来年春天，果然飞来赴约，自此相伴至玉京身亡。那时，已然是七年后的事情了。

燕子不忘旧情，也在玉京坟头悲鸣而死——这个故事出自宋曾慥类说引《丽情集·燕女坟》。

诗人所想的第二个典故，鸾影。讲的是汉朝时西域有个王，他得到了一只鸾鸟，他欣喜异常。只可惜这只漂亮的鸟儿三年不鸣，王很挂念。一次他听说鸾鸟只有见到了同类才肯欢歌，于是想了个法子，用一面镜子放在它的面前：或许鸾鸟误以为镜子中的影子是同伴，因此而开心鸣叫吧？没想到，鸾鸟看到镜中的影子之后，愤而悲鸣，一冲至死。

因为这个典故，镜子就有了鸾镜之誉。

诗人所思所想，当是有了让她想念的意中人，于是，就着兽炉中散发出来的袅袅香烟，化作了一行行相思词。

且莫悲伤，虽然秋来燕子南飞，却是暂时的；只需明春，念旧的春燕定会与你相逢。

白露三候：群鸟养羞

这里的羞，指的是粮食。

秋风扫大地，天气越发寒冷，留下来过冬的鸟儿们开始储备过冬的粮食了。

所谓花木掌时令，鸟鸣报农时。当此之时，古人也在顺应天时，准备过冬的衣物和粮食。譬如李白在《子夜吴歌》所写：

长安一片月，万户捣衣声。
愁风吹不尽，总是玉关情。
何日平胡虏，良人罢远征。

这样的诗读来让人忧伤，待到战事平定、远征的良人归来，便可以穿着家中妻子做的寒衣，欢聚一堂。

当此时节，秋风呼啸、寒风骤起，杜甫也在发愁。因为他家的茅屋为秋风所破，于是就有了下面的悲歌：

八月秋高风怒号，卷我屋上三重茅。
茅飞渡江洒江郊，高者挂罥长林梢，下者飘转沉塘坳。
南村群童欺我老无力，忍能对面为盗贼，公然抱茅入竹去。
唇焦口燥呼不得，归来倚杖自叹息。
俄顷风定云墨色，秋天漠漠向昏黑。
布衾多年冷似铁，娇儿恶卧踏里裂。
床头屋漏无干处，雨脚如麻未断绝。
自经丧乱少睡眠，长夜沾湿何由彻！
安得广厦千万间，大庇天下寒士俱欢颜，风雨不动安如山。
呜呼！何时眼前突兀见此屋，吾庐独破受冻死亦足！

这首《茅屋为秋风所破歌》，描写的恰是白露时节的景象。眼见寒冬将至，诗人房不能存身，衣不能保暖。

杜甫的诗历来比较写实，客观地描述了唐朝由开元盛世到安史之乱的颓败。逢此乱世，痛苦的不仅仅是诗人一人，所以才会呐喊：安得广厦千万间，大庇天下寒士俱欢颜！

像杜甫这样缺衣少穿的苦日子，大吃货苏东坡想都没有想过，先不说以他名字命名的东坡肉是如何美味，且看下面的《老饕赋》：

庖丁鼓刀，易牙烹熬。水欲新而釜欲洁，火恶陈（江右久不改火，火色皆青）而薪恶劳。九蒸暴而日燥，百上下而汤鏖。尝项上之一脔，嚼霜前之两螯。烂樱珠之煎蜜，滃杏酪之蒸羔。蛤半熟而含酒，蟹微生而带糟。盖聚物之夭美，以养吾之老饕。婉彼姬姜，颜如李桃。弹湘妃之玉瑟，鼓帝子之云璈。命仙人之萼绿华，舞古曲之郁轮袍。引南海之玻黎，酌凉州之蒲萄。愿先生之耆寿，分余沥于两髦。候红潮于玉颊，惊暖响于檀槽。忽累珠之妙唱，抽独茧之长缲。闵手倦而少休，疑吻燥而当膏。倒一缸之雪乳，列百柂之琼艘。各眼滟于秋水，咸骨醉于春醪。美人告去已而云散，先生方兀然而禅逃。响松风于蟹眼，浮雪花于兔毫。先生一笑而起，渺海阔而天高。

诗人乐天知命，不拘小节，即便遭遇贬官也如此欢乐。天上飞的、地上跑的、水里游的都被他折腾成了各种“美食”。此种馋相，和那些攒粮过冬的群鸟有何分别呢?

2. 朝饮木兰之坠露兮，夕餐秋菊之落英——习俗

古人服食秋露的缘起不知是否和屈原有关，当年，屈原怀才不遇，在《离骚》中以“朝饮木兰之坠露兮，夕餐秋菊之落英”的高洁形象自喻：

余既兹兰之九畹兮，又树蕙之百亩。
畦留夷与揭车兮，杂度蘅与方芷。
冀枝叶之峻茂兮，愿俟时乎吾将刈。
虽萎绝其亦何伤兮，哀众芳之芜秽。
众皆竞进以贪婪兮，凭不厌乎求索。
羌内恕己以量人兮，各兴心而嫉妒。
忽驰骛以追逐兮，非余心之所急。
老冉冉其将至兮，恐修名之不立。
朝饮木兰之坠露兮，夕餐秋菊之落英。
苟余情其信姱以练要兮，长颇颔亦何伤。
擥木根以结茝兮，贯薜荔之落蕊。
矫菌桂以纫蕙兮，索胡绳之纚纚。
謇吾法夫前修兮，非世俗之所服。
虽不周于今之人兮，愿依彭咸之遗则。

屈原有志难舒，理想如此美好，现状却如此不堪：楚国覆灭，他自己亦投江而死。想来，仿若世外的高洁必然不为浊世所容，但是其作品中飘飘若仙的人物形象不知打动了多少人的心。

屈原是以诗言志，贵为九五至尊的汉武帝却不这么想。明明已经享尽人间繁华，偏不知足！非要异想天开当神仙。他幻想着，服用了露水和玉屑就可以长生不老、得道成仙，为此特地在建章宫造了承露盘。

说来有趣，汉朝灭亡后曹操的孙子——魏明帝曹睿也想用此方法返老还童，便打发人到长安的柏梁台拆取“铜仙承露盘”——谁曾想拆迁不易，原有的承露盘竟然被损坏了。

《三国演义》如此描写：“那柏梁台高二十丈，铜柱圆十围。马钧教先拆铜人。多人拚力拆下铜人来，只见铜人眼中潸然泪下。众皆大惊。忽然台边一阵狂风起处，飞砂走石，急若骤雨；一声响亮，就如天崩地裂：台倾柱倒，压死千余人。”

在小说家的笔下，因着铜人有灵的缘故，这些人非但没有得逞、反而遭遇上天惩罚，被倾倒的铜柱砸死砸伤。最后，曹睿只好让人将铜柱砸碎，带着铜人和承露盘一起迁到洛阳重新铸造了一对崭新的铜人以及崭新的铜龙铜凤。

那曹睿除了将一对龙凤留下自用外，大剌剌地将铜人赐予了司马氏。想来，魏氏天下后来尽归司马氏，乃是因为铜人有灵乎？

唐朝诗人李贺有感于此，写下了这一段典故——

魏明帝青龙元年八月，诏宫官牵车西取汉孝武捧露盘仙人，欲立致前殿。宫官既拆盘，仙人临载，乃潸然泪下。唐诸王孙李长吉遂作《金铜仙人辞汉歌》：

茂陵刘郎秋风客，夜闻马嘶晓无迹。
画栏桂树悬秋香，三十六宫土花碧。
魏官牵车指千里，东关酸风射眸子。
空将汉月出宫门，忆君清泪如铅水。
衰兰送客咸阳道，天若有情天亦老。
携盘独出月荒凉，渭城已远波声小。

长吉是李贺的字，如他在序中自表身世一般，乃是李唐皇室后裔。正是由于其特殊的出身，逢此场景竟是悲愁喟叹，愁肠婉转；诗中借用金铜仙人辞汉的典故，抒发家国兴亡之叹。

确实，这世上哪里有长生不老的仙药呢？转眼世事沧桑，从前种种已是过眼烟云，小小承露盘见识了几多繁华似梦。诗人长叹息，由衷发出了“天若有情天亦老”的名句。

或许是承露盘的名声过于响亮，清朝的乾隆皇帝也命人仿造了铜仙承露盘，取露水为他和皇后拌药，以求福泽。补充一句，承露盘在现今北海公园琼岛北山。

或许是受了官方和文人骚客的影响，民间渐渐也有收集露水烹茶的习俗。你看《红楼梦》中薛宝钗服用的冷香丸，其中一味就是使用白露当天的露水。

奉劝现今的人们切莫仿效，随着工业的高度发展，空气乃至露水中蕴含的杂质太多了，对人体未必有好处。

白露茶

白露之时，茶树历经了夏日炎炎，此时正是采摘的好时光。

说到白露，爱喝茶的老南京都十分青睐“白露茶”，此时的茶树经过夏季的酷热，白露前后正是它生长的极好时期。相比之下，它比春茶耐泡，更比夏茶甘甜，以其独有的清香甘醇征服了老茶客的心。

宋朝的留元崇外出途径一处草庵，被主人挽留尝了白露茶，因此写下了下面这首七言绝句：

归自星坛日未斜，草庵留住一杯茶。
道人自点花如雪，云是新收白露芽。

而唐代的令狐楚重阳日和一干好友登龙山落帽台，赴了一场佳宴饮了不错的白露茶，真是快乐！

谢公秋思渺天涯，蜡屐登高为菊花。
贵重近臣光绮席，笑怜从事落乌纱。
萸房暗绽红珠朵，茗碗寒供白露芽。
咏碎龙山归出号，马奔流电妓奔车。

白露酒

除了饮茶，资兴兴宁、三都、蓼江等地有酿白露酒的习惯。因酒味略甜，当地人也叫作白露米酒，其中精品当属程江水酿出来的“程酒”。

程酒之所以出色，乃是因为用水、酿造时间、方法的讲究，再加上长达数十年的窖藏。据说，上好的白露酒色泽褐红、清香诱人，且斟之有丝，很容易令饮者沉醉。

当此秋高气爽、遍地黄花之际，邀约几个亲朋挚友，一起品味新粮酿造的美酒，或赏花，或赏月，或谈心……岂不快哉？

你看，那翩翩佳公子王维，饮着佳酿意气风发朝着我们走来：

新丰美酒斗十千，咸阳游侠多少年。
相逢意气为君饮，系马高楼垂柳边。

团干子、食龙眼、进补“十样白”

如此时节，古人自然不会一味品茶、饮露、喝美酒，不然嘴巴寡淡不说，肠胃也受不了呀！除了适当进补热量较高的肉类不说，水果更是少不了：譬如龙眼、苹果、柑橘、秋梨等都是应季水果，维生素含量高、水分足，堪称佳品。

唐朝的殷尧藩曾经写过一首《越女收龙眼》：

越女收龙眼，蛮儿拾象牙。
长安千万里，走马送谁家。

诗人语气清淡，诗中的龙眼和象牙却不寻常。不用问，如此上品定然上贡给长安城的王者之家了。

皇帝吃龙眼，普通百姓轻易吃不得，但是他们自会吃着香甜的番薯过日子——布衣粗饭，身体倍儿棒！

龙眼，也叫桂圆。现今也如“昔日王谢堂前燕”一般，入了寻常百姓人家了。倒是番薯，属粗纤维食品，营养价值还挺高，人人争而食之。

另外，浙江温州等地的人们喜欢在白露当天进补“十样白”。据说是选取白木槿、白毛苦等十种带“白”字的药草食用，以应节气。只是不知，和大诗人杜甫当天所吃的“白露团甘子”比较如何？

白露团甘子，清晨散马蹄。
圃开连石树，船渡入江溪。
凭几看鱼乐，回鞭急鸟栖。
渐知秋实美，幽径恐多蹊。

据说团干子是用新糯米做的，滋味也非常美！

祭祀大禹王

白露时节，太湖还有个顶重要的事情：祭祀大禹王。

大禹因为治水有功，太湖人家因此奉为“水路菩萨”。我想人们的本意，是希望大禹王的在天之灵保佑大家平安吧。

这样的祭祀活动，唱几台戏肯定少不了的。锣鼓声声，生、旦、净、末、丑依次登台，唱不尽的人间悲欢。

昨夜晚吃酒醉和衣而卧，稼场鸡惊醒了梦里南柯。
二贤弟在河下相劝与我，他叫我把打渔的事一旦丢却。
我本当不打渔关门闲坐，怎奈我家贫穷无计奈何。
清早起开柴扉乌鸦叫过，飞过来叫过去却是为何？
将身儿来至在草堂内坐，桂英儿捧茶来为父解渴。

《打渔杀家》这场戏，马连良老先生唱腔堪为经典。

第四节　秋分

1. 自入秋分八月中，雷始收声敛震宫——候应

自入秋分八月中，雷始收声敛震宫；

蛰虫坏户先为御，水始涸兮势向东。

秋分是二十四节气中的第十六个节气，每年公历 9 月 23 日前后交节。此时太阳到达黄经 180 度，几乎直射地球赤道，全天 24 小时被昼夜平分，各占 12 个小时。

秋分当天地球两极无极昼极夜现象，随后，由于阳光直射位置南移，北半球昼短夜长，南半球则反之，南极附近极昼范围也在渐渐增加，北极则反之。

秋分和春分一样，都是古人最早确定的节气之一，它的含义是指整个秋季九十天的中分。如同《月令七十二候集解》所载："秋分，八月中。分者平也，此当九十日之半，故谓之分。"《春秋繁露·阴阳出入上下篇》也有类似记载："秋分者，阴阳相半也，故昼夜均而寒暑平。"

此时的气候，在我国的长江流域和北方地区，均已进入了严格意义上的秋季，日平均气温都在 22℃之下。

秋分时节，晴空万里，气候宜人。此时丹桂飘香，景色醉人，如同宋代朱熹在《咏岩桂》一诗所写：

亭亭岩下桂，岁晚独芬芳。

叶密千层绿，花开万点黄。
天香生净想，云影护仙妆。
谁识王孙意，空吟招隐章。

美景虽然令人目眩神迷，也要注意户外秋凉染了风寒。北方地区由于太阳辐射时间越来越少，温度下降；若是逢了阴雨天气，更觉寒冷；而东北地区看见秋霜，已然是寻常事。

秋分初候：雷始收声

对于雷鸣，古人有着独特的见解，他们认为二月雷鸣是因为阳气转盛，到了农历八月阴气转旺，雷声便偃旗息鼓了。

秋风萧瑟，黄叶飘零，似乎在提醒着人们时光悄然流逝，不可挽回，令人心生叹息。唐朝元稹有诗《咏廿四气诗·秋分八月中》：

琴弹南吕调，风色已高清。
云散飘飖影，雷收振怒声。
乾坤能静肃，寒暑喜均平。
忽见新来雁，人心敢不惊？

诗人在第一句所说的“琴弹南吕调”，是说秋分之时属于十二音律的南吕调——古人将我国传统音乐的十二音律和十二月份结合在一起，每月都有特定的音律相对应，叫作律吕调阳。依据《礼记·月令》上的记载，具体如下：

孟春之月，律中太簇；仲春之月，律中夹钟；季春之月，律中姑冼；孟夏之月，律中中吕；仲夏之月，律中蕤宾；季夏之月，律中林钟；孟秋之月，律中夷则；仲秋之月，律中南吕；季秋之月，律中无射；孟冬之月，律中应钟；仲冬之月，律中黄钟；季冬之月，律中大吕。

律中就是音律的对应，到了特定的节气，十二律管便有相对应的芦苇灰感应飞起，古人因此感知到节气的到来。

其中的太簇、夹钟、姑洗、中吕等分别是十二音律的名称。到了秋分交节之时，南吕律管中会有灰被地气吹出。

古人讲究天人合一，诗人所以会有“琴弹南吕调”的感悟，而“雷收振怒声”自然是指秋分初候现象了，其后的乾坤静肃、寒暑均平、新来之雁都是此时的节气特征。

古人虽然时有伤春悲秋之举，抒发感情之后依然脚踏实地地生活，过好每一天。人们凭着多年的生活实践，知道雷电自此消失乃是正常的气候现象；若是反其道而行，会让他们忧虑。

比如民谚就有，“秋分只怕雷电闪，多来米价贵如何”的感慨。因此，农民朋友需在秋分时期抓紧时间做好秋收、秋耕、秋种工作，避免农作物遭受连阴雨乃至霜冻的危害。

秋分二候：蛰虫坯户

秋分交节五日之后，第二候便来临了，这次的物候现象是“蛰虫坯户”。坯，相当于从前的培；此时天气一天比一天寒冷，露水一天比一天重，虫子们感受到寒气的侵袭，准备提前告别秋天。

从时令上说，八月坯户，二月惊蛰。从此，它们便潜入地下封塞巢穴，开始漫长的冬眠，一觉睡到明年春天了。此情此景当如北宋进士、紫金光禄大夫强至在《依韵奉和司徒侍中庚戌秋分》诗中所写：

金气才分向此朝，天清林叶拟辞条。

三秋半去吟蛩逼，百感中来醖蚁消。

候早初逢甸甫浃，月圆前距望非遥。
如今昼夜均长短，占录无劳史姓谯。

类似的诗还有杜甫的《晚晴》，都有明显的节气特征：

返照斜初彻，浮云薄未归。
江虹明远饮，峡雨落馀飞。
凫雁终高去，熊罴觉自肥。
秋分客尚在，竹露夕微微。

有意思的是，熊罴这种动物界的英雄，在严寒到来前会大吃大喝，让自己变得肥胖。冬季就缩回洞穴中“昏睡”了，整个冬天它们都会因为食物的稀少而昏昏欲睡，依靠自身脂肪维持生命；一旦被惊醒也会出去外面活动，顺便再猎取一些食物。

假如出现猎物较多的情况，人家同样会精神抖擞，一个冬天都在外面觅食。

总而言之，动物们各自都要属于自己的过冬方式：譬如大雁飞到南方、鱼儿和乌龟潜在水底、蚂蚁和蛇类钻到地下等。

秋分三候：水始涸

又五日，随着降雨量的渐渐减少，天气干燥，河流、湖泊中的水量开始减少，一些低洼地带开始干涸。譬如宋朝韩琦所抒《庚戌秋分》：

淅淅风清叶未凋，秋分残景自萧条。
禾头无耳时微旱，蚊嘴生花毒渐消。
钱迸嫩苔陈阁静，字横宾雁楚天遥。
西园宴集偏宜夜，坐看圆蟾过丽谯。

唉，真是欲说还休，天凉好个秋呀！你看这水流干涸、秋景萧瑟，连蚊子都如残兵败将一般灰溜溜退去了，顺应天时如同古人好好准备潜藏过冬吧！

但是王安石位极人臣，居一人之下、万人之上，显贵如此，他也发愁：

草端无华滋，阴气已盘固。
暄妍却如春，岁晚曾不瘠。
一裘可以暖，贫士终难豫。
忽忽远枝空，寒虫欲坏户。

深秋时分，就连小小的寒虫都悄悄躲起来营造自己温暖的巢穴了，可是天下的贫寒之人却在发愁如何过冬！

夜深人静，王安石辗转难眠：富贵之人有皮裘暖身，百姓怎么办？正是有了这种忧患的思想，才有了轰轰烈烈的“王安石变法”。尽管遭遇强烈的阻挠，乃至最终失败，却也壮怀壮烈！其心可嘉！

2. 明月四时好，何事喜中秋——习俗

南宋有一位松坡居士，名京镗，写有一首《水调歌头》：

明月四时好，何事喜中秋？瑶台宝鉴，宜挂玉宇最高头。放出白毫千丈，散作太虚一色，万象入吾眸。星斗避光彩，风露助清幽。

等闲来，天一角，岁三周。东奔西走，在处依旧若从游。照我尊前只影，催我镜中华发，蟾兔漫悠悠。连璧有佳客，乘兴且登楼。

词人问得奇怪，却有新意：是啊，明月四时皆有，每月十五之夜都是月圆之时，为何独独在八月十五赏月欢度中秋呢?

原来，这和秋分有直接的关系。

早在周朝时期，便形成了帝王春分祭日、夏至祭地、秋分祭月、冬至祭天的习俗；祭祀的场所皆有固定的场所，名曰日坛、地坛、月坛和天坛。比如现今北京“月坛”便是明朝嘉靖年间修建的皇家祭月场所。

然而，每年秋分的日子并不固定，也未必是月圆之时，如果秋分祭月看不到月亮岂不尴尬?

基于这个原因，古人便将祭月的日子改为八月十五中秋了，当此时节，阴阳相合，寒暑均等，便是赏月的好时候。

南宋张抡一阕《醉落魄》，最是直抒胸臆：

光辉皎洁。古今但赏中秋月。寻思岂是月华别。都为人间，天上气清彻。广寒想望峨琼阙。琤琤玉杵声奇绝。何时赐我长生诀。飞入蟾宫，折桂饵丹雪。

从上阕看来，能够古今同赏中秋月的原因，是因为天上人间气清澈的缘故。也唯有此，才有了欢度佳节的根本。

下阕，广寒、玉杵之语，应是嫦娥奔月的神话故事化用。古人相信月亮可以给他们带来长寿健康和吉祥好运。

所以，拜月的时候，人人抱以虔诚心，隆重祭祀。

明代风俗志《北京岁华记》记载：“中秋夜，人家各置月宫符象，符上兔如人立；陈瓜果于庭；饼面绘月宫蟾兔；男女肃拜烧香，旦而焚之。”

据说，如此恭谨拜月，男子可以早登蟾宫，攀折仙桂；女子便貌似嫦娥，面如圆月。

且看前面两位词人，京镗与张抡。

前者，绍兴年间进士出身，有才亦有德。在南宋小朝廷风气颓废的情况下，他力除积弊，大有刚正之气，高宗崩逝，国丧期间出使金国，无论对方如何跋扈、拔刀相逼，严词拒绝了对方的宴乐之席。

罗大经《鹤林玉露》中载其使金诗一首：

鼎湖龙驭去无踪，三遣行人意则同。
凶礼强更为吉礼，裔风终未变华风。
设令耳预笙镛末，只愿身糜鼎镬中。
已办滞留期得请，不辞筑馆汴江东。

你看，南宋遭逢国丧，金人却以吉乐接待使者，分明有幸灾乐祸之意；京镗刚硬，拒不受此屈辱，视死如归——如果你们非要这样，不如将我下锅煮了吧！

如此气节，世所罕见！

再说后者张抡，目前可知曾官至浙西“副都总管”，自号莲社居士，亦属有才之人。据说每写一词，“宫中即付之丝竹”，也算不俗。

即便心无所求，中秋月圆之际，或与三两好友知己相聚，或隐归山林之中，当是风雅之事。譬如晚唐边塞诗人马戴所诗：

金陵山色里，蝉急向秋分。
迥寺横洲岛，归僧渡水云。
夕阳依岸尽，清磬隔潮闻。
遥想禅林下，炉香带月焚。

吃月饼

过中秋少了月饼是万万不行的，我们的美食家苏东坡对月饼如此沉醉：

小饼如嚼月，中有酥和饴。
默品其滋味，相思泪沾巾。

像这样的酥皮月饼入口即化，里面还包了甜滋滋的麦芽糖。词人默默品尝着，或许想起了家乡的亲人，不由涕泪沾襟。

月饼作为拜月的祭品，最初便是类似苏东坡诗中的酥皮饼。特点是边薄心厚，据说和太师闻仲有关，所以叫太师饼。等到汉朝张骞出使西域后，引进芝麻和胡桃等物种，成为月饼馅料的新宠，此时就有了“胡饼”的别名。

从太师饼到胡饼，再到月饼，忽然间有了几分清雅之意，而这样美丽的名字和一位著名的美人有关，她的名字叫杨玉环，古代四大美人之一。

有一年中秋佳节，杨玉环陪着玄宗皇帝赏月，边吃“胡饼”边谈心。吃着吃着，文艺范儿的皇帝不乐意了，嫌弃胡饼二字太接地气。

改个什么名字好呢？杨玉环注视着九天之上的圆月，微微蹙眉，便是展颜一笑，说了两个字：“月饼”。从此，月饼很快被社会各阶层欣然接受，一直流传至今。

月饼，因其形状圆圆，被人们赋予了团圆之意，更有了“月团”的雅称。

当此时节，人们赏花赏月想亲人，就像唐代王建在《十五夜望月寄杜朗中》一诗所云：

中庭地白树栖鸦，冷露无声湿桂花。
今夜月明人尽望，不知秋思在谁家？

然而，最豪迈还是苏东坡，你看他的《水调歌头》：

明月几时有？把酒问青天。

不知天上宫阙，今夕是何年。

我欲乘风归去，又恐琼楼玉宇，高处不胜寒。

起舞弄清影，何似在人间。

转朱阁，低绮户，照无眠。

不应有恨，何事长向别时圆?

人有悲欢离合，月有阴晴圆缺，此事古难全。

但愿人长久，千里共婵娟。

吃蟹

当此金秋送爽、皓月当空之际，正是螃蟹大量上市的季节，古人对此颇有心得。若说憨直有趣，谁也不如怡红公子贾宝玉，且看他在螃蟹宴上如此题诗：

持螯更喜桂阴凉，泼醋擂姜兴欲狂。

饕餮王孙应有酒，横行公子竟无肠。

脐间积冷馋忘忌，指上沾腥洗尚香。

原为世人美口腹，坡仙曾笑一生忙。

螃蟹虽然好吃，却性凉腥腻，所以要泼醋擂姜，还得就酒。你看林黛玉身子弱，稍微吃了一点就感到心口疼，护花使者贾宝玉忙吩咐人将合欢花浸的烧酒烫一壶过来，然而，依林妹妹的身子，也只敢喝上一小口就放下了。

这不，刚刚在菊花诗夺了魁，便戏谑“这样的诗，要一百首也有”。宝玉当然服气林妹妹的才气，嘴里却不肯认输，嘲笑她才气已尽。

潇湘妃子二话不说，照着他的文风就接续上了：

铁甲长戈死未忘，堆盘色相喜先尝。
螯封嫩玉双双满，壳凸红脂块块香。
多肉更怜卿八足，助情谁劝我千觞。
对兹佳品酬佳节，桂拂清风菊带霜。

此情此景，蘅芜君薛宝钗怎肯示弱，一首螃蟹诗也是霸气侧露：

桂霭桐阴坐举觞，长安涎口盼重阳。
眼前道路无经纬，皮里春秋空黑黄。
酒未涤腥还用菊，性防积冷定须姜。
于今落釜成何益，月浦空余禾黍香。

还别说，这姊妹仨算是将螃蟹里里外外都写透了，大家只需照着方法做就行。

有美食，无论如何都少不了苏东坡。他和丁公默是同科进士，交情甚好，常有诗词往来。某一日，他给丁公默寄了一首诗，丁公默回赠了蝤蛑。

蝤蛑，是梭子蟹中的巨无霸，雄性的体长 8 公分左右，宽度 18 公分左右，雌性略小。

如此意外之喜，让东坡居士喜不自胜，乐滋滋享用完美食之后，又写了一首诗给丁公默：

溪边石蟹小如钱，喜见轮囷赤玉盘；
半壳含黄宜点酒，两螯斫雪劝加餐；
蛮珍海错闻名久，怪雨腥风入座寒；
堪笑吴兴馋太守，一诗换得两尖团。

这首诗的名字就叫《丁公默送蝤蛑》，诗人开篇就用小如钱的溪边石蟹来反衬大如玉盘的蝤蛑，可见他对这份礼物相当满意。也难怪要嘲笑自己是个馋太守，“一诗换得两尖团”！

哈哈！苏轼本来就是有趣之人，谈到吃，越发让人开心。遇到螃蟹这样可心的美食，简直就是憨态可掬的老顽童了。

不过，需要提醒的是，螃蟹虽美可不能多吃哦。

送秋牛

秋分当天，古人还有送秋牛的习俗。这种秋牛图和立春送的春牛图来历相似，也是在红纸上写上当年的农历节气，画着农人耕田的图样。由“秋官”挨家挨户传送，另外再说上几句吉祥话，使宾主开心。

以前人们耕地，牛是非常重要的角色，现在改用机械化了，此种风俗知道的人渐渐不多了。

候南极

《史记·天官》记载:“南极老人，治安；常以秋分时，候之于南郊。”

因此，历代皇帝常在秋分这一天，率领一干文臣武将在南郊候南极。

南极，在我国古代神话传说中是一位额头高高凸起的老寿星，大家称作南极仙翁。

还是《红楼梦》大家赴螃蟹宴那一章，贾母在藕香榭讲起了小时候掉下水的往事，鬓角上因此留下了指头大的窝。王熙凤就用南极仙翁讨好贾母，说那是用来装福寿的——南极仙翁的窝是因为万福万寿盛满了，所以才凸高出来。贾母听了，嘴里说恨不得撕掉她那油嘴，心里却不知有多欢喜呢！

那么，祝愿大家在秋分这一天沾了南极仙翁的福气，多福多寿。

第五节　寒露

1. 寒露人言晚节佳，鸿雁来宾时不差——候应

寒露人言晚节佳，鸿雁来宾时不差；
雀入大水化为蛤，争看篱菊有黄花。

进入寒露，已经是二十四节气中的第十七个节气了；从干支历讲，酉月结束戌月自此开始。寒露在每年公历 10 月 8 日或者 9 日交节，此时，太阳到达黄经 195 度。

寒露的含义，依照《月令七十二候集解》记载："九月节，露气寒冷，将凝结也。"意思是说，寒露的气温更低，地上的露水快要凝结成霜了。

与白露相比，假如十五天前的盈盈露水让人感觉凉爽，那么，寒露就有了森森冷意，如同谚语所云："寒露寒露，遍地冷露。"

交节之后，我国大部分地区在冷高压空气的控制下，雨量明显减少，昼暖夜凉。就像辛弃疾说的那样：欲说还休，却道天凉好个秋！

从气候学的角度讲，我国东北和新疆北部区域已经开始飘雪，西北地区的平均气温基本低于 10℃，即将进入冬季，北京基本上也可以看到初霜，而南方地区，即便是长江沿岸，气温最高也无法达到 30℃、最低气温已然到了 10℃之下。

此时，秋风萧萧，吹落了漫天黄叶，仿佛在催促着时间的脚步，让它快点前行。

寒露初候：鸿鴈来宾

这一候，需借用《红楼梦》里一段故事开头，方才有趣。

你看那宝玉、平儿、宝琴、岫烟都是一天的生日，有一天众人在红香圃设宴摆酒庆祝。他们行的令颇为雅致，“射覆”。酒面要一句古文，一句旧诗，一句骨牌名，一句曲牌名，还要一句时宪书上的话，共总凑成一句话。酒底要关人事的果菜名。

大家玩闹了一会儿，好歹可以依令行事，偏偏轮到寿星宝玉，却有点为难。于是林妹妹让他多喝一盅酒，替其代劳了：落霞与孤鹜齐飞，风急江天过雁哀，却是一只折足雁，叫得人九回肠，——这是鸿雁来宾。

林妹妹写诗作词总是透着浓浓的寄人篱下之感，她这一句鸿雁来宾，正是出自寒露初候的典故。

鸿雁来宾，按照《月令七十二候集解》，“宾，客也。先至者为主，后至者为宾。”

随着天气变冷，鸿雁大举南迁，一会儿排成“一”字形，一会儿排成“人”字形，在碧空中穿行，忽隐忽现。

当它们需要休息的时候，便悄无声息斜掠下来“绕洲三匝”。确定没有危险后，如同旅人投宿一般三五成群落下来休息，以备再次远航。

此时人们看到的旅居之雁，便是鸿雁来宾。

林黛玉起初一句出自唐代王勃《滕王阁序》，前后连接起来是这样：“落霞与孤鹜齐飞，秋水共长天一色。渔舟唱晚，响穷彭蠡之滨；雁阵惊寒，声断衡阳之浦。”

其中与落霞相互映衬的孤鹜，正是南飞之雁，而“雁阵惊寒，声断衡阳之浦”，恰是寒露之时才有的现象呀！只是叫声如此令人心惊，一来是过于凶险，风急浪大；二来或许有受伤落群之雁吧。

林妹妹的猜测是“却是一只折足雁”，所以才“叫得人九回肠”。也只好暂时歇脚，鸿雁来宾了。

也有人说，南飞之雁分为两拨，一拨为白露时，二拨为寒露时。寒露之时为白雁，并且有相关的古诗为证。

譬如杜甫《九日五首·其一》：

重阳独酌杯中酒，抱病起登江上台。

竹叶于人既无分，菊花从此不须开。

殊方日落玄猿哭，旧国霜前白雁来。

弟妹萧条各何在，干戈衰谢两相催。

寒露节气过去就是霜降，从“旧国霜前白雁来”一句，可知白雁此时南飞，是没错的。

而李白的《幽州胡马客歌》也有相关记载：

幽州胡马客，绿眼虎皮冠。笑拂两只箭，万人不可干。

弯弓若转月，白雁落云端。双双掉鞭行，游猎向楼兰。

出门不顾后，报国死何难。天骄五单于，狼戾好凶残。

牛马散北海，割鲜若虎餐。虽居燕支山，不道朔雪寒。

妇女马上笑，颜如赪玉盘。翻飞射鸟兽，花月醉雕鞍。

旄头四光芒，争战若蜂攒。白刃洒赤血，流沙为之丹。

名将古谁是，疲兵良可叹。何时天狼灭，父子得闲安。

可怜白雁无辜，生生被那幽州胡马客弯弓搭箭从云端射了下来！

宋朝孔平仲撰写的《孔氏谈苑·白雁为霜信》如此记载：“北方有白雁，似雁而小，色白。秋深至则霜降，河北人谓之霜信。”

古人求亲，纳采、问名、纳吉、请期、亲迎，其中就有白雁为礼。

寒露二候：雀入大水为蛤

又五日，天气越发变冷，鸟雀也看不见了，而海边涌现出大量的蛤蜊。古人认为，此时阳气转变为阴气了。

蛤蜊是一种海产贝壳，有花蛤、文蛤、西施舌等很多品种，其肉质鲜美，含有蛋白质、多种维生素、氨基酸、牛磺酸等，具有天下第一鲜的美誉。当此时节，算是不错的应季美食了。

古代文人墨客有很多都是此中高手，譬如宋朝杨万里用蛤蜊做了米脯羹，忍不住吟诗一首：

倾来百颗恰盈奁，剥作杯羹未属厌。
莫遣下盐伤正味，不曾著蜜若为甜。
雪揩玉质全身莹，金缘冰钿半缕纤。
更浙香粳轻糁却，发挥风韵十分添。

另外他还有一首《酒蛤蜊》，很有深意：

饮者怜渠有典刑，见渠借箸眼偏青。
平生开口不论事，晚岁搜肠求独醒。

和杨万里比起来，同样是吃蛤蜊，黄庭坚的宗旨是独乐乐不如众乐乐，大家有福同享：

雪屋吹灯然豆萁，古来壮士亦长饥。
广文不得载酒去，且咏太玄庖蛤蜊。

这首诗的名字叫《送蛤蜊与李明叔诸公》，可见也是稀罕物了。

蛤蜊之中最具盛名的当是西施舌，这种贝壳“形态俊秀，斧足形扁似舌，清白如玉”，因此便和古代四大美女之一的西施有了关系。

据说西施舌味美在肉，色白质细，啖之柔脆，因此被古人视为珍品。《本草纲目拾遗》也说：“介属之美，无过西施舌”。

西施绝色，沾她芳名的蛤蜊色相当然属于上品。不少人慕名而来，品着这种嫩若舌尖的物种，有着说不出的香艳与暧昧。好似，男人吃过便会逢着一个美艳的女子，来一场风花雪月的恋爱；而女子，享用之后不觉填了几分自信，亦变得明艳动人。

南宋的王十朋，大约是难忘西施舌的美味，不由赋诗一首：

吴王无处可招魂，唯有西施舌尚存。
曾共君王醉长夜，至今犹得奉芳樽。

往事依依不可追，可是今天西施舌犹存，不知有多少的世俗男女因此被打动了心扉，在此相聚又相思。

寒露三候：菊有黄华

此时，众芳皆退，唯有菊花在深秋之中傲然绽放。

古来吟诵菊花的诗词很多，我独爱林潇湘的《咏菊》，其诗曰：

无赖诗魔昏晓侵，绕篱欹石自沉音。
毫端蕴秀临霜写，口角噙香对月吟。
满纸自怜题素怨，片言谁解诉秋心。
一从陶令平章后，千古高风说到今。

林妹妹孤高自诩，自然喜爱菊花，也难怪她菊花诗夺魁，一口气连作三首。

其二,《问菊》:

欲讯秋情众莫知，喃喃负手叩东篱。
孤标傲世偕谁隐？一样开花为底迟？
圃露庭霜何寂寞，鸿归蛩病可相思？
休言举世无谈者，解语何妨话片时。

其三,《菊梦》:

篱畔秋酣一觉清，和云伴月不分明。
登仙非慕庄生蝶，忆旧还寻陶令盟。
睡去依依随雁断，惊回故故恼蛩鸣。
醒时幽怨同谁诉？衰草寒烟无限情。

看完，让人忍不住掩卷叹息：如此清高出尘之人，通过三首菊花诗，将自己傲然遗世的高洁刻画得淋漓尽致。究竟是妹妹有才，还是曹公有才？

她的存在便如惊鸿一瞥，究竟不为俗世所容。也罢，质本洁来还洁去，强于污淖陷渠沟。

那么，在诗中被林妹妹奉为千古高洁人物陶渊明，又作了怎样的菊花诗呢？

且看他的《和郭主簿》，一吐心声：

和泽周三春，清凉素秋节。
露凝无游氛，天高肃景澈。

陵岑耸逸峰，遥瞻皆奇绝。

芳菊开林耀，青松冠岩列。

怀此贞秀姿，卓为霜下杰。

衔觞念幽人，千载抚尔诀。

检素不获展，厌厌竟良月。

此二人都是遗世而独立，不与凡俗相扰的世外之人，写菊花自然赋予了灵性。菊花若是有知，当在丛中笑。

2. 遥知兄弟登高处，遍插茱萸少一人——习俗

王维有一首《九月九日忆山东兄弟》的古诗，相信许多人可以娓娓道来：

独在异乡为异客，每逢佳节倍思亲。

遥知兄弟登高处，遍插茱萸少一人。

诗人所写的佳节，就是农历九月九日重阳节，也叫登高节。我国古代历史笔记小说集《西京杂记》，有个西汉宫人贾佩兰说当时的习俗："九月九日，佩茱萸，食蓬饵，饮菊花酒，云令人长寿。"

古人家族观念很强，喜欢全家团圆共度佳节。在此重阳登高之日，王维却身在异乡，无法为家人献上一杯长寿酒，深以为憾，因此，产生了独在异乡的飘零之感。

然而，即便隔了千重山万重水，他也可以感知家中的兄弟此时头插茱萸，登高望远。

只是可惜呀，那么多欢度节日的人群，唯独少了他自己。

诗人心中不由一阵感伤，轻声叹息。

九月九日登高之风，魏文帝曹丕在给钟繇的书信，说出了很好的理由："岁往月来，忽复九月九日。九为阳数，而日月并应，俗嘉其名，以为宜于长久，故以享宴高会。"

另外，也因此时万物凋敝，古人有感于心，借九月九至阳之日辞青的意思，正好和阳春三月踏青相应。

而茱萸，本身具有独特的香味，具有祛风除湿、避虫害的效果。此时佩戴，古人相信可以避邪寒之气。

小重阳

九月九日大家欢度重阳之时，诗仙李白却反其道而行，在九月十日过了别有滋味的重阳节——《九月十日即事》：

昨日登高罢，今朝再举觞。
菊花何太苦，遭此两重阳？

从中我们可以得知，诗人其实已经在前一日过罢了重阳，却为何第二日又过一次节呢？

原来，古人过了重阳节之后，还会在第二天持续庆祝一天，叫作"小重阳"。

南宋陈元靓《岁时广记》引用《岁时杂记》："都城士庶，多于重阳后一日，再集宴赏，号小重阳。"

值得一提的是，若是逢了闰九月，那么闰九月九也是小重阳。譬如白居易一诗《闰九月九日独饮》：

黄花丛畔绿尊前，犹有些些旧管弦。
偶遇闰秋重九日，东篱独酌一陶然。
自从九月持斋戒，不醉重阳十五年。

但是不管怎么说，大重阳也好、小重阳也罢，菊花都是其中的主角，靓丽动人。诚如李白诗所云：菊花何太苦，遭此两重阳。

菊花节

九月九其实还有菊花节的美誉，农历九月更是传统的菊月，人们赏花饮酒，留下很多美好的诗篇。

写菊，最为世人所看中的当属陶渊明：

结庐在人境，而无车马喧。
问君何能尔？心远地自偏。
采菊东篱下，悠然见南山。
山气日夕佳，飞鸟相与还。
此中有真意，欲辨已忘言。

诗人辞官归隐，过起了清贫自足的田园生活，房前宅后遍种菊花，可观赏可酿酒，自得其乐。就像他在另一首饮酒诗写的那样：

秋菊有佳色，裛露掇其英。
泛此忘忧物，远我遗世情。
一觞虽独尽，杯尽壶自倾。
日入群动息，归鸟趣林鸣。
啸傲东轩下，聊复得此生。

开篇一句“秋菊有佳色”，顿时有别于众芳的艳俗之气，可见诗人对此一片赤忱之心。第二句，竟是采摘了带露的花瓣准备酿制菊花酒了。有此，可以忘忧。

服食菊花，素来为文人雅士所爱。其渊源大约从屈原开始，正所谓：“朝饮木兰之坠露兮，夕餐秋菊之落英。”

陶渊明爱酒，而且每饮必醉。若是有朋自远方来，必有美酒招待，客人尚未尽兴，主人就先醉了。每当此时，诗人必直言相告：“我已经醉了，想睡觉休息，你自己回去吧。”

虽然憨直可爱，然而于情于理，这是不对的。

菊酒虽好，适量引用即可。

用菊花和糯米、枸杞酿制，其味清香甘甜，可以养肝明目，延缓衰老，古人将菊花酒称为长寿酒。

明代医家李时珍亦在《本草纲目》说，菊花可以“治头风、明耳目、去痿痹、治百病”。

古人酿制菊花酒时，往往在头一年重阳节采摘新鲜菊花，以备来年享用。

当此百花寂静、秋菊飘香之时，人们登高望远。再和身边的亲朋挚友同品菊花酒的甘美，当是一件幸福的事儿吧。

重阳糕

重阳糕应带是最应景的美味小吃了，不为别的，只因糕与高谐音。吃了秋粮新做的重阳糕，就有了步步高升之意。

在周朝，贵族以“饵”用作祭祀以及宴席上享用；汉朝有九月九吃蓬饵的习俗，这便是当时的重阳糕了。

但是“糕”之一字，当时并无据可查，也不敢擅用。直到隋唐，仍然以“饵”相称。譬如隋朝杜台卿在《玉烛宝典》就有记载：“九日餐饵，其时黍秫并收，因此粘米加味尝新。”清代《渊鉴类函·岁时·九月九日》引用。

这就闹出了一个小笑话：说的是唐朝刘禹锡有次过重阳节作诗，便想用“糕”之一字，可是查遍五经也不见踪迹，只好作罢。

大约是名人的缘故，这个故事不胫而走，很快就被宋朝诗人宋祁知道了，写诗一首，着实打趣了他，这首诗的名字就叫作《九日食糕》：

飚馆轻霜拂曙袍，糗餈花饮斗分曹。

刘郎不敢题糕字，空负诗家一代豪。

这首诗因此名声大噪，遂成绝唱。重阳糕从此扬眉吐气，被天下人所熟知。最讲究的，还是宋朝。

《武林旧事·重九》：“都人是月……且各以菊糕为馈，以糖肉秫面杂糅为之，上缕肉丝鸭饼，缀以榴颗，标以彩旗。又作蛮王狮子于上，又糜栗为屑，合以蜂蜜，印花脱饼，以为果饵。”

《梦粱录·九月》：“此日都人店肆，以糖、面蒸糕，上以猪羊肉、鸭子为丝簇飣，插小彩旗，各日重阳糕。”

大约是做法的差异，重阳糕有了别名，谓花糕、菊糕、五色糕等。

这一天，父母必然以重阳糕迎接回家的儿女，并且将糕搭在他们的额头上，虔诚祝福：“愿儿女百事俱高。”

可怜天下父母心，而重阳节亦是我国的敬老节。

父母有情，儿女有心，便是合家欢好。

放纸鹞

纸鹞，便是现今的风筝。

重阳节放风筝，是惠州民间盛行已久的风俗，方兴未艾。大约是和当地的气候相关：春季清明大家放风筝之时，那里正处雨季；而重阳节恰是秋风飒飒，晴空万里，此时放风筝最好不过了。

不管怎么说，趁天气大好，多到户外活动显然对身体有利。此时，唯有《纸鸢上羌天》才配得上他们的欢乐之情：

小儿不知风凉薄，一心欲趁西风紧。
纸鸢上天线扯断，漠漠羌天只有云。

第六节　霜降

1. 休言霜降非天意，豺乃祭兽班时意——候应

休言霜降非天意，豺乃祭兽班时意；
草木皆黄落叶天，蛰虫咸俯迎寒气。

霜降是二十四节气中的第十八个节气，每年公历 10 月 23 日前后交节，太阳到达黄经 210 度。同时，它也是秋季里的最后一个节气，从树梢下飘落的片片黄叶，它恋恋不舍和世界做最后的告别。

关于霜降的含义，《月令七十二候集解》记载："九月中，气肃而凝，露结为霜矣。"此时天气越发寒冷，空气里的水蒸气落在地面上、植物叶子上，凝结成白色的霜花。

类似的古诗有杜甫的《秋兴八首・其一》：

玉露凋伤枫树林，巫山巫峡气萧森。
江间波浪兼天涌，塞上风云接地阴。
丛菊两开他日泪，孤舟一系故园心。
寒衣处处催刀尺，白帝城高急暮砧。

能够出现诗中所说的"玉露凋伤枫树林"是因为秋季气候相对干燥，导致地表散热较快，当气温骤然下降到 0 度之下，形成了霜。枫叶被霜打了以后，细胞发生了质的变化，在凋零前夕变得殷红夺目。

民谚说，“霜降杀百草”，遭寒霜打过的植物通常会变得枯萎。严格来讲，霜冻和霜还有所不同，让植物受伤的应当是“冻”，并非“霜”。这个道理，好比下雪天反而没有化雪天冷相似。

霜，分为早霜和晚霜。秋季霜降之时，是早霜；冬末春初出现的最后一次霜降，是晚霜，或终霜。终霜到早霜的间隔时期，为无霜期。

农历九月之时，恰是菊花盛开的时候。所以，此时的早霜也被称为菊花霜。

若说菊花霜，最美莫过于马致远的《落梅风》：

蔷薇露，荷叶雨，菊花霜冷香庭户。

梅梢月斜人影孤，恨薄情四时辜负。

读这样的词，四时花间浮动的幽幽冷香之气，萦绕在鼻端久久不散。

人无情，花有意，就着冷霜明月浅酌菊花酒，想来也是别有滋味。

霜降初候：豺乃祭兽

此时豺狼开始捕获猎物，并且陈列之后才食用。古人以为，这是它在以兽祭天报本。

出自《逸周书·时训》：“霜降之日，豺乃祭兽。”或许大家还记得雨水时节的物候现象“獭祭鱼”，它们都是捕猎能力极强的动物。

我们可以从唐代张籍的《洛阳行》，发现豺迅猛强悍的身影：

洛阳宫阙当中州，城上峨峨十二楼。

翠华西去几时返，枭巢乳鸟藏蛰燕。

御门空锁五十年，税彼农夫修玉殿。

六街朝暮鼓冬冬，禁兵持戟守空宫。

百官月月拜章表，驿使相续长安道。
上阳宫树黄复绿，野豺入苑食麋鹿。
陌上老翁双泪垂，共说武皇巡幸时。

洛阳是唐朝武则天时期的政治中心，随着政权的更迭不再有往日的繁华，导致出现诗中所叙“上阳宫树黄复绿，野豺入苑食麋鹿”的场面。

只可叹，野豺残暴，麋鹿温顺，成为口中餐。

说起豺，很多人脑海中会联想到狼，譬如成语“豺狼当道”就将二者紧紧连缀。其实不然，豺的外形只是与狼、狗相近而已，它们还是有区别的。

清朝道光年间进士朱右曾在《逸周书集训校释》记载：“豺似狗，高前广后，黄色群行，其牙如锥，杀兽而陈之若祭。”

李时珍也留下这样的文字：“豺，处处山中有之，野狼属也。俗名豺狗，其形似狗而颇白，前矮后高而长尾，其体细瘦而健猛，其毛黄褐色而其牙如锥而噬物，群行虎亦畏之，又喜食羊。其声如犬，人恶之，以为引魅不祥。其气臊臭可恶。”

通过他们二者的描述，我们对豺的体貌特征及习性有个基本的了解。

豺的得名颇有趣味，还是古医者李时珍所述：“豺能胜其类，又知祭兽，可谓才矣。故字从才。”

说豺在兽类中“才华出众”，一点都不虚妄。你看，它虽然体型没有狼大，战斗力却比狼强悍得多。

它们出战的时候，通常由一只头目率领着，在清晨或黄昏成群结队围捕目标。猎物可能是上述张籍诗中温顺的麋鹿、香獐，或者山羊，也有可能是体型庞大的水牛。

豺行动迅疾，甚至超过了老虎和狮子这样的森林王者，而它的跳跃性又极强，可以和云豹相比肩。

当它们围猎一头水牛的时候，通常由一只豺跑到牛面前挑逗，分散注意力，而另一只豺则在牛背上给它挠痒痒，这时牛会忍不住舒坦地翘尾巴。

这时，早已守在其后的第三只豺就会找准机会，直击它的肛门。对于“弱小”的豺而言，如此巨无霸就这样被它们找对了命门，转瞬间便命归黄泉了。

可怜可叹！作为食物链中的一环，语气说是豺之残暴狡猾，倒不如说是大自然的抉择。

毫不夸张地说，一头凶猛的老虎遇到了成群的豺狗，也会退避三舍。

谁能想到，如此骨瘦如柴的动物，竟会如此凶悍！

可以说，豺之一字，除了才华出众获得“美名”之外，也如《埤雅》所云：“豺，柴也。俗名体瘦如豺是矣！”

有意思的是，世间万物相生相克。世人传说，狗是豺的舅舅，豺见到狗会下跪，也只有它们，才会相互制约。

现在，就让我们以唐代孟郊的《感怀》诗，来领略一番霜降时节的风貌吧。

秋气悲万物，惊风振长道。
登高有所思，寒雨伤百草。
平生有亲爱，零落不相保。
五情今已伤，安得自能老。
晨登洛阳坂，目极天茫茫。
群物归大化，六龙颓西荒。
豺狼日已多，草木日已霜。
饥年无遗粟，众鸟去空场。
路傍谁家子，白首离故乡。
……

霜降二候：草木黄落

受了霜的草木树叶变得枯萎，纷纷飘落。此时，忧郁浪漫的少男少女会想：叶子的离去，是风的追求还是树的不挽留？

当此严冬即将到来之际，树木需要潜藏过冬，休养生息，自然无法提供足够的养分。于是，失去生命的树叶在秋风猛烈的蛊惑下，纷纷离开枝头，跳起了生命中最绝望的舞蹈。

然而，他们的爱终究还是深沉的，树叶还是感应到根的呼唤，最终选择扑向他的怀抱。紧紧拥抱着、守护着，只待来年春风吐绿时再相逢。

此情此景，还是诗僧齐己看得开，不去无故伤秋弄月，且看他的《闻落叶》：

楚树雪晴后，萧萧落晚风。
因思故国夜，临水几株空。
煮茗烧干脆，行苔踏烂红。
来年未离此，还见碧丛丛。

此诗，甚合我意，快哉！

霜降三候：蛰虫咸俯

后五日，动物们感应到了气候变幻，全部蛰伏在洞穴中不吃不动，垂下头来开始冬眠了。

动物冬眠时，它们的体温明显下降，呼吸几乎停止，无论外人怎样折腾都不会“醒转”，如同死去一般。

其实，这只是它们应对自然环境的方法而已。曾经有人做过实验，进入冬眠状态的松鼠和刺猬，即便是人工将周围环境慢慢升高，它们也要经过很长时间才可以醒转。

也有人观察，怀孕的雌熊在过冬时，即便身子被茫茫大雪覆盖；当它醒转的时候，腹中的小熊早已如约诞生，乖巧地躺在妈妈身边。

蜗牛在冬眠的时候，采用自身分泌的黏液将壳封闭。

昆虫类则用“蛹”或“卵”的方法过冬。

可以说，冬眠的动物们手段多样，各有千秋，但无一例外都是根据自身情况应对大自然的结果。

古人从中有所感悟，在面对不利的环境时，也会采取蛰伏的方式度过这一段时间。但是耿直的方回，他在《次容斋喜雪禁体二十四韵》中，发出了“蛰虫且当伏深穴，贞松决不仆幽壑”的声音，全诗如下：

燠寒节若无嗟若，不寒而燠疫疠作。
叵堪穷腊阳气泄，况乃炎方土风恶。
大块积蓄久酝酿，元造斡回骤飘落。
朝曦掩翳九乌死，夜吹呼号万骑掠。
饯岁才轰爆竹声，鞭春初截土牛角。
芳芽脆甲缩芹荠，饥喙枵肠诉乌鹊。
小迟尚可诧祥瑞，大快一举洗污浊。
蛰虫且当伏深穴，贞松决不仆幽壑。
孤舟独钓柳何奇，衡门空宇陶如昨。
冻手三噢复三咻，泥屐一前仍一却。
未妨猎骑湿鞍鞯，政恐征车埋轸较。
谁方轻暖拥文貂，我欲豪饮欠金错。
雀窥囷廪绝秕糠，蛛罥檐榱收网络。
老人畏怯小儿喜，富翁骄傲寒士虐。
蜚蛾定复扫蚕蚤，归雁未敢度幽朔。
衔枚猛将死不惧，煨芋野僧贫亦乐。

九头鬼车悉逃遁，三足毕方能距躩。
眼生灯晕蝶栩栩，肤涩衾棱鸡喔喔。
预占麦饵堆村场，绝喜米价减郛郭。
忽得肤使奇丽句，韵未易赓笔屡阁。
颍阴故事聚星堂，汶叟先生元佑脚。
禁体物语继醉翁，即今再见苏龙学。
幸公忧国仆无与，煎水烹茶聊一酌。

诗人在“次容斋”喜逢瑞雪，因而有此诗句。通过蛰虫、贞松的比拟，从中可以发现方回是颇有风骨之人。

其实，一定的时候蛰居简出也是一种智慧，譬如鲁迅在《书信集·致姚克》中写到：“近来天气大不佳，难于行路，恐须蛰居若干时，故不能相见。”

蛰居，并非躲避。我想，做人处世能够外圆内方，还是挺好的。

2. 山林朝市两茫然，红叶黄花自一川——习俗

山林朝市两茫然，红叶黄花自一川。
野水趁人如有约，长松阅世不知年。
千篇未暇偿诗债，一饭聊从结净缘。
欲问安心心已了，手书谁识是生前。

这首诗是金代诗人周昂所写的《香山》。

香山因红叶而知名，即便是远在诗人所处的金代，亦有“红叶黄花自一川”的盛景。

那时，金代的皇帝在香山建寺，赐名大永安，因此此处成为皇家行宫，以供狩猎游玩之用；后来到了元朝，又被皇帝更名为甘露寺，且加以修缮；

等到了明朝的时候，寺庙尼庵鼎盛，香山因此名声在外，成为民众进京首选的游览圣地。

清代，康熙皇帝在这里建设了颇有规模的香山行宫，成为临幸驻跸之所。等到了乾隆年间，皇帝也爱上了这所园林，于是大加扩建，并且定名为静宜园。

值得一提的是，乾隆皇帝命人种植了大量的黄栌树。每年深秋时分，红得好似熊熊燃烧的烈焰一般，经历了严霜之后，变成了更加雍容华贵的深紫色。

也就是说，广为世人熟知的香山红叶，不仅是枫叶在其中独放异彩。除了枫叶和黄栌之外，更有野槭、柿子等树叶在散发异彩。它们历经风霜洗礼，有殷红、紫红、桃红、鲜红等缤纷之色，犹如西天的霞彩遍布香山的山巅沟壑，令人神迷。

每年的深秋，无数的中外游客慕名前来，只为一睹其醉人的风姿，感叹于造物主的神奇。

描写红叶的古诗，杜牧的《山行》也是大家所熟悉的：

远上寒山石径斜，白云深处有人家。
停车坐爱枫林晚，霜叶红于二月花。

或许，我们也应当如古人一般，约三两好友，再带一本好书，一起到大自然中走一走。看看天空飘浮的云彩，听听风吹过树梢的声音，然后拈一片红叶夹在书中，那是时间留下的脚步。

吃柿子

此时柿子成熟，皮薄肉鲜，当如明朝蔡文范所写：

馆增津亭接，临川市暨连。
木绵随处有，贾客半吴船。
露脆秋梨白，霜含柿子鲜。
山东饶地利，十二古来传。

民间自古有霜降吃柿子的习俗，大家认为吃了霜降的柿子，冬季可以御寒，防止咳嗽、感冒、流鼻涕等。

这主要是因为成熟后的柿子营养丰富，维生素含量多。另外，生柿子、柿蒂、柿叶都有一定的药用价值，可谓全身都是宝。

需要注意的是，柿子虽然滋味美，切勿多食。尤其是柿子皮含有大量鞣酸，与胃酸、蛋白质发生作用后，会形成柿石，容易引起腹部不适。

在以前交通不便，物资交流相对落后的年代，柿子属于平民食物。你看刘禹锡在《咏红柿子》诗中就说得明白：

晓连星影出，晚带日光悬。
本因遗采掇，翻自保天年。

若是遇了丰年，柿子的命运就是两样了，人们甚至都懒得攀树去摘，让它自生自灭。就像宋朝郑刚中在《晚望有感》诗中写的那样，进了鸟雀腹内：

霜作晴寒策策风，数家篱落澹烟中。
沙鸥径去鱼儿饱，野鸟相呼柿子红。
寺隐钟声穿竹去，洞深人迹与云通。
雁门踦甚将何报，万里堪惭段子松。

其实，万物有灵，人类也好，鸟儿也罢，在不同的生存环境下，都会为自己找出合适的定位。

譬如明太祖朱元璋。

民间传说，朱元璋小时候家境贫寒，过着四处乞讨吃百家饭的生活。问题是，当时大家的日子都不好过，民不聊生。有一次，他连着讨了两天饭也没有见到半粒米，又累又饿几乎昏倒在路上。

就在这时，他看到不远处的小山村有一棵柿子树，上面满是红灯笼一样诱人的柿子，这些甘甜的柿子救了他的命。

多年后，做了大明开国皇帝的朱元璋，御口亲封这棵柿子树为“凌霜侯”。

无论身份怎样变迁，柿子树还是从前那棵柿子树，果实依然在深秋时分遍布枝头，绽放着成熟的光芒。

南宋的陆游深感于此，就写下了一首《秋获歌》：

墙头累累柿子黄，人家秋获争登场。
长碓捣珠照地光，大甑炊玉连村香。
万人墙进输官仓，仓吏炙冷不暇尝。
讫事散去喜若狂，醉卧相枕官道傍。
数年斯民厄凶荒，转徙沟壑殣相望，
县吏亭长如饿狼，妇女怖死儿童僵。
岂知皇天赐丰穰，亩收一锺富万箱。
我愿邻曲谨盖藏，缩衣节食勤耕桑，
追思食不餍糟糠，勿使水旱忧尧汤。

我觉得，诗人这种居安思危的想法是对的。

养生、防秋燥

霜降是秋季的最后一个节气，天气一天更比一天冷，人体热量散发得较快，此时适宜食物滋养。

有句谚语这样说，“一年补通通，不如补霜降”。

此时胡萝卜上季，它的营养价值很高。本身所含的胡萝卜素，不但可以帮助人体提高免疫力，而且具有补肝明目的效果，可以很好地保护视力。

值此时节，我们不妨用胡萝卜和油脂类食物相结合，做出各种美食享用。譬如，胡萝卜炖牛肉、羊肉、排骨等，也可以素炒胡萝卜丝。

或者，也可以吃一些栗子、枸杞、山药等，这都是很好的食材。

另外，此时秋燥非常厉害，大家还应该多吃一些葡萄、秋梨、苹果、百合、蜂蜜等比较滋润肺的食物。

最后，我们就用药王孙思邈的《养生歌》自省：

春月少酸宜食甘，冬月宜苦不宜咸，
夏月增辛聊减苦，秋来辛减少加酸。

其中的意思是，大家一年的用餐口味要根据季节进行调整。比如秋天，少食辛辣，滋味偏酸为好。

第四章／冬目烈烈，飘风发发

第一节　立冬

1. 谁看书来立冬信，水始成冰寒日进——候应

谁看书来立冬信，水始成冰寒日进；

地始冻兮折裂开，雉入大水潜为蜃。

立冬，是二十四节气中的第十九个节气，每年公历 11 月 7 日或者 8 日交节，此时太阳到达黄经 225 度。

立冬的含义，按照《月令七十二候集解》的说法："立，建始也；冬，终也，万物收藏也。"也就是说，严冬自此开始了，所有的秋季农作物完成了收割晾晒以及储存，而动物们也失去了往日活跃的身影，藏起来准备过冬了。

所谓立冬，就有了万物收藏，以避寒冷之意。

此情此景，当如曹操在《冬十月》诗中所叙：

孟冬十月，北风徘徊。

天气肃清，繁霜霏霏。

鹍鸡晨鸣，鸿雁南飞。

鸷鸟潜藏，熊罴窟栖。

钱镈停置，农收积场。

逆旅整设，以通贾商。

幸甚至哉！歌以咏志。

曹操挟天子以令诸侯，“素有大志”，为汉末的实际管理者。在冬天到来之际，他看到天地间的飞禽走兽归潜，以备严寒，农人在谷场忙着收拾晾晒好的庄稼，旅店也在准备过冬的物资，感到异常开心。

在他看来，这分明是国泰民安的祥和景象，当然要歌以咏志了。

与之相比，陆游家中钱财有限，但是在立冬日也备了炉炭、衣物准备过冬了。你看他的日子是这样的：

室小财容膝，墙低仅及肩。
方过授衣月，又遇始裘天。
寸积篝炉炭，铢称布被绵。
平生师陋巷，随处一欣然。

从气候学的角度来说，平均气温降到10℃以下为冬季。像诗人所处南宋小朝廷都城所在地杭州，地理位置上属于长江流域，此时并没有进入严格意义上的冬季，真正的冬天要到了小雪节气前后方才到来；反而他日思夜想要收复的故土，北宋都城汴州（今开封）位于黄河流域，气候特征则符合二十四节气规律，立冬时节，恰好冬日开始。

这是由于我国幅员辽阔的特点所决定的，比如大兴安岭往北，还有最北方的漠河早在9月上旬就有了冬季的气候现象，而江南和华南地区，此时正忙着播种冬小麦。

聊以自慰的是，尽管北半球获得的太阳辐射量日益减少，但是地表储存的热量此时尚未用尽。在天气晴好的时候，还会出现宜人的“小阳春”，对于走在户外的人们来说还是比较温暖的。

当此时节，古人将之分为三候。

立冬初候：水始冰

此时的水开始结冰了，但是还达不到坚冰的程度。

不过，这足以给我们的诗仙李白一个不错的理由，让他在立冬日暖暖烫了一壶好酒，慰劳自己去了。

且看他是如何逍遥：

冻笔新诗懒写，寒炉美酒时温。
醉看墨花月白，恍疑雪满前村。

李白大材，作诗从来不必刻意，看似懒懒散散，凭借的都是素常功夫。诗，肯定会有的。他才不会焦思劳神，与自己为难。

于是，缓缓燃了一炉炭火，再烫一壶好酒……咕嘟，咕嘟，酒香四溢，时间在流逝。想必那支冻笔，也在炉火微醺下，渐渐化软了些。

诗人醉眼蒙眬，看那墨也花了，窗外的月亮也越发白了。那满地莹白的月光呵！让他错误地以为，自己已然飞越了时光，看到皑皑白雪铺陈，堵满了村庄。

这世间除了李白，谁又配称酒中仙？他的诗，从来都是蘸着浓浓的酒香写就。

你看，一首立冬时节的好诗，不就这样产生了吗？

同样是立冬，宋朝有一位化名为紫金霜的诗人，一样凭借自家的小火炉取暖，诗中流露的却是冷冽之气，直入人的魂魄：

落水荷塘满眼枯，西风渐作北风呼。
黄杨倔强尤一色，白桦优柔以半疏。
门尽冷霜能醒骨，窗临残照好读书。
拟约三九吟梅雪，还借自家小火炉。

立冬二候：地始冻

立冬五日之后，空气一天比一天冷冽，昔日略带柔性的土地，渐渐被冻得僵硬。

此时的节气，当如南宋方回《九月二十六日雪予未之见北人云大都是时亦无》一诗：

立冬犹十日，衣亦未装绵。
半夜风翻屋，侵晨雪满船。
非时良可怪，吾老最堪怜。
通袖藏酸指，凭栏耸冻肩。
枯肠忽萧索，残菊尚鲜妍。
贫苦无衾者，应多疾病缠。

该诗说得很清楚，是时立冬十日，农历九月二十六。此时在杭州等地不应见雪，此等“异相”在北方也比较少见。所以诗人在题目中说，“北人云大都是时亦无”。

所谓北人，应当是元人破宋了；至于“大都”，是指元大都，现北京城。

如诗人所叙，就连元大都没有在立冬时节见到的恶劣天气，却让他碰到了。可是，他又那么穷，那么老，还多病——好可怜呐!

可是，这又怪谁呢?

身为人臣，身为才华还算说得过去的一介文人，若是没有了风骨、没有了气节，恐怕连敌国都为之不屑吧?

立冬三候：雉入大水为蜃

又五日，野鸡之类的禽类也不见了，海边却出现了许多外壳和野鸡色泽以及线条相近的大蛤。

蜃，大蛤也，贝壳类软体动物。雉，野鸡。这二者都是立冬三候现象，古人因此将联想在一起。

《国风·邶风·雄雉》这样写：

雄雉于飞，泄泄其羽。我之怀矣，自诒伊阻。
雄雉于飞，下上其音。展矣君子，实劳我心。
瞻彼日月，悠悠我思。道之云远，曷云能来?
百尔君子，不知德行。不忮不求，何用不臧?

有人说，这是一首思妇诗，其中的雄雉比喻出门远征的丈夫。雄雉飞走了，丈夫没回家，家中的妻子思念备至。她是多么希望，那些贵族君子们，可以体谅百姓的心情，让她的丈夫早日归来。

只是可怜，雉鸟凄凄，总是不幸沦为围猎的对象。不信，且看唐朝韦应物的《射雉》：

走马上东冈，朝日照野田。野田双雉起，翻射斗回鞭。
虽无百发中，聊取一笑妍。羽分绣臆碎，头弛锦鞘悬。
方将悦羁旅，非关学少年。弢弓一长啸，忆在灞城阡。

随着猎人手握弓箭，意气风发地走上东冈，雉鸟的命运便已注定。无论它们怎样惊飞逃窜，都免不了“羽分绣臆碎”的结局。

我想，或许有一天，它们会找到一个温暖的所在，不再恐惧，也不再忧伤。

你看，现今再不会有人横刀立马围捕野雉，因为有人为它们编制了看不见的安全网——法网。

只是在当时，无可奈何。

难道，古人以为那深深的水泽，会将它们温柔地包裹；待到再生之时，便幻化了最坚硬的壳？

从山野之地的雉鸟，到海边的蜃，本是两件毫无关联的生物，在古人浪漫而又悲悯的情怀下，达到了最完美的变幻与统一。

蜃，在今人的眼中，它只是一道诱人的海鲜菜品，可是在古人看来，它却是一种神奇的生物，可以吹气成楼。

不信，且看唐朝贾弇的《状江南·孟夏》：

江南孟夏天，慈竹笋如编。
蜃气为楼阁，蛙声作管弦。

诗人以为，所谓海市蜃楼，就是蜃吹气造成的，而这样缥缈绝美的场所，那是九天之上的仙人安居之所在。

那么，一个随时可以和世外仙人发生交际的生物，它还会惧怕凡俗的伤害吗？于是，人们完成了精神上的救赎，怎样的严冬都不惧怕了。

2. 最恨泼醅新熟酒，迎冬不得共君尝——习俗

清泠玉韵两三章，落箔银钩七八行。
心逐报书悬雁足，梦寻来路绕羊肠。
水南地空多明月，山北天寒足早霜。
最恨泼醅新熟酒，迎冬不得共君尝。

这一年立冬，白居易收到了“好友”皇甫湜从泽州寄来的书信，令他喜不自胜。

皇甫湜是韩愈的学生，写诗奇崛，好标新立异，对于韩诗平实的一面

却视而不见；或许由于性格过于急躁，仕途生涯颇为黯淡。然而，他毕竟还是有才的，凭借着与人代笔获取稿酬，倒也衣食无忧。

因着都是诗坛上名声显赫的人物，二人颇有些来往。从开篇两句“清泠玉韵两三章，落箔银钩七八行”，可以看出白乐天对皇甫的看重。心里就忍不住琢磨着：有朋自远方鸿雁传书而来，我自然要回赠数篇与他。只是可惜，这泼醅新熟的迎冬酒，他是无福消受了。

假如，皇甫老弟此刻就在面前，二人把酒言欢，共论诗词该有多美呀！

所以，白居易的内心，是有求而不得的“恨”，宾客未至的遗憾。

泼醅，即酦醅，意思是重酿未滤的酒。我国绍兴等地有在立冬日酿黄酒的习俗，从立冬日到立春日这段时间，都称之为冬酿。

显然，诗人是贪爱此风味独特的杯中物了。你看他在《尝黄醅新酎忆微之》一诗也是充满激情：

世间好物黄醅酒，天下闲人白侍郎。
爱向卯时谋洽乐，亦曾酉日放粗狂。
醉来枕麹贫如富，身后堆金有若亡。
元九计程殊未到，瓮头一醆共谁尝。

我却觉得，乐天兄爱酒、更爱与他对饮的人，无论是皇甫湜，还是让他充满回忆的元微之（元稹）。

能够与人一起开怀畅饮，写诗作赋，当是天下闲人白侍郎最快乐的事吧。

只是他再也想不到，皇甫湜送了他一份大礼，着实让人不好消受。

事情好像是晋国公裴度“引起”的：皇甫湜仕途失意后生活困窘，一时无以为继。恰好裴度爱才，于是花高价聘请他做了府邸幕僚。到了第二年，裴度重修了福先寺，想请白居易作碑文。

这下坏了！皇甫湜知道后勃然大怒，说了这样的话："近舍湜而远取居易，请从此辞！"

这句话的意思是，我皇甫湜每天在府内待着，你却舍近求远去找白居易，我不干了！

面对撂挑子的门客，裴度也不恼，先是道歉，然后又找了个"理由"：不是不想找您，实在因为您是大腕，担心请不动呀！

这下子，皇甫湜的火气有点消了，吐槽：就说呢，您怎么会不喜欢我的阳春白雪，看上白乐天那样的乡土文学呢？

情绪舒畅的皇甫湜让裴度准备了好酒，喝到酣畅处，提笔写文，一挥而就。

晋国公裴度拿到文章后，一看、二看、三看，一头雾水。琢磨了好久，好容易琢磨明白了，长长叹了一口气："高人！"

嗯，确实高，高到一般人他看不懂。

不管怎么说，裴度拿出了一笔丰厚的润笔费给了皇甫湜。

这件文坛公案，正面理解是当时文坛泰斗：韩愈与白居易不同风格碰撞的火花，而另一面，则以为是皇甫湜性格怪异、气量狭小的表现。

怎么说呢？若说是风格原因，韩愈还有个学生李翱——唐德宗贞元年间进士，历任国子博士、史馆修撰……桂州刺史、山南东道节度使等，做学问也是很有影响力的人，他的诗风就颇为平和。

若说皇甫湜，有一件小事可以说明的他的性格和为人处世：有一次，皇甫湜让儿子抄诗，发现错了一个字，马上叫人拿手杖过来要进行惩罚——等来等去，性格急躁的他等不得家人拿手杖的工夫了，直接在儿子的手臂上咬了一口撒气。

只可怜那孩子，手臂鲜血直流，因为这事情打小就出名了，他的名字叫皇甫松。长大之后虽然未曾做官，写诗却颇有风格，清新隽永。特别是《梦江南》一诗，后人常拿来和白居易比较——仁者见仁，有人认为白诗见长，有人认为皇甫松更为出众。

王国维则这样评价《梦江南》：“情味深长，在乐天、梦得之上也。”乐天是白居易，梦得是刘禹锡。

所以说，皇甫湜的性格粗暴怪异，也未必怀了多大的恶意，可能是有点管不住自己的脾性。我觉得，白居易和皇甫湜这桩官司也只能打个哈哈了。

你看，就连他本人也懒怠回应，又在琢磨着喝一壶冬酿美酒暖身：

十月江南天气好，可怜冬景似春华。
霜轻未杀萋萋草，日暖初干漠漠沙。
老柘叶黄如嫩树，寒樱枝白是狂花。
此时却羡闲人醉，五马无由入酒家。

迎冬

迎冬之俗，表面上如白乐天那样美酒相伴度日，其实，从官方到民间并非那样轻松，最隆重当属天子出郊迎冬之礼。

《吕氏春秋·孟冬》记载：“先立冬三日，太史谒之天子，曰：‘某日立冬，盛德在水。’天子乃斋。立冬之日，天子亲率三公九卿大夫以迎冬于北郊。还，乃赏死事，恤孤寡。”

迎冬是古代祭礼之一，慎重如立春、立夏、立秋一样，共同被称为四立。古人按照五方五色相配的原则，立冬日天子率领百官一律着黑色，到北方祭祀黑帝颛顼以及玄冥。

迎冬之礼结束后，天子还要宴请群臣，赐予冬衣，并且向为朝廷奋战失去生命的勇士以及留下的孤寡进行抚恤。

汉朝的时候，皇帝还会赐给宫廷诸人以及百官过冬的棉袄；而魏文帝曹丕则下诏，令百官在立冬日无论高低贵贱带温帽。

与此相应景的古诗有唐代李商隐的《陈后宫》：

茂苑城如画，阊门瓦欲流。

还依水光殿，更起月华楼。

侵夜鸾开镜，迎冬雉献裘。

从臣皆半醉，天子正无愁。

祭祖送寒衣

初冬十月一，更是我国民俗中祭祖扫墓，送寒衣节的日子，人们在这一天纷纷祭奠死者，寄托哀思。

清代潘荣陛编撰的《帝京岁时纪胜》记载："十月朔……士民家祭祖扫墓，如中元仪。晚夕缄书冥楮，加以五色彩帛作成冠带衣履，于门外奠而焚之，曰送寒衣。"

与此应景的有一首，《五言·寒衣节》的佚名诗，现摘录如下：

幽明隔两界，冷暖总凄凄。

处处焚火纸，家家送寒衣。

青烟升浩渺，别绪入云霓。

旧貌应难忘，憑谁问老儞？

十月一寒衣节和清明节、中元节一样，都是我国传统的鬼节，逢此期间不由心情黯然，为此古人写下了很多悼亡诗。

比较早的有先秦时期的《国风·唐风·葛生》：

葛生蒙楚，蔹蔓于野。予美亡此，谁与？独处！

葛生蒙棘，蔹蔓于域。予美亡此，谁与？独息！

角枕粲兮，锦衾烂兮。予美亡此，谁与？独旦！

夏之日，冬之夜。百岁之后，归於其居！

冬之夜，夏之日。百岁之后，归於其室！

它的意思是："葛藤生长覆荆树，蔹草蔓延在野土。我爱的人葬这里，独自再与谁共处？

葛藤生长覆丛棘，蔹草蔓延在坟地。我爱的人葬这里，独自再与谁共息？

牛角枕头光灿烂，锦绣被子色斑斓。我爱的人葬这里，独自再与谁作伴？

夏季白日烈炎炎，冬季黑夜长漫漫。百年以后归宿同，与你相会在黄泉。

冬季黑夜长漫漫，夏季白日烈炎炎。百年以后归宿同，与你相会在阴间。"

通篇没有华丽的词藻，古人质朴的语言、铭心的感情，读来让人感动落泪，久久难以平息。它带给我们的震撼，不亚于用词激烈的《上邪》：

我欲与君相知，长命无绝衰。

山无陵，江水为竭，

冬雷震震，夏雨雪，

天地合，乃敢与君绝！

自此衍生了多少的情痴，就不去一一而叙。相比之下，陆游的家国情怀更为大气，让人动容。你看他的《示儿》：

死去元知万事空，

但悲不见九州同。

王师北定中原日，
家祭无忘告乃翁。

是呀！当人们跨越了生死、灵魂相通的时候，不但生者有说不完的话，想要在坟前诉说离别之情；即便是九泉之下的死者，也是有许多的遗愿未了，需要后来之辈继承。

中华文明的薪火，就这样代代相传。

第二节　小雪

1. 逡巡小雪年华暮，虹藏不见知何处——候应

逡巡小雪年华暮，虹藏不见知何处。
天升地降两不交，闭寒成冬如禁锢。

小雪，是二十四节气中的第二十个节气，每年公历 11 月 22 日或 23 日交节。此时太阳到达黄经 240 度，北斗星斗柄指向北偏西方向。

小雪是反映天气现象的节气，从农历算一般是十月中下旬。如《月令七十二候集解》所说，十月中，雨下而为寒气所薄，故凝而为雪。小者未盛之辞。

也就是说，此时若是降雨会受到寒冷天气的影响，凝结为雪，但是没有达到大雪的程度。

此时天气还不是十分寒冷，即便下雪，雪量也不会大，而且是半冰半融、或者雨夹雪的状态，落到地面也会很快消融。如唐朝诗人李咸用在《小雪》诗中所云：

散漫阴风里，天涯不可收。
压松犹未得，扑石暂能留。
阁静萦吟思，途长拂旅愁。
崆峒山北面，早想玉成丘。

像开篇第一句“散漫阴风里”，这样的阴郁天气是小雪前后常见的天气现象，对人们的心情有较大影响。值此时节，我们要保持心情开朗，不要无故寻愁觅恨，以免出现如诗人“途长拂旅愁”的状况。

当此时节，古人将小雪分为三候。

小雪初候：虹藏不见

虹藏不见，《月令七十二候集解》这样说：“季春阳胜阴，故虹见；孟冬阴胜阳，故藏而不见。”

这是一个通过比较得出的答案，前者是春季清明时节的第三个候应现象，古人认为那是阳气上升所致；而此时的虹藏不见，则反之，是阴气上升导致的。

归根结底，这是气温变化引起的物理现象。

恰好，唐代的徐敞写了一首《虹藏不见》的古诗：

迎冬小雪至，应节晚虹藏。
玉气徒成象，星精不散光。
美人初比色，飞鸟罢呈祥。
石涧收晴影，天津失彩梁。
霏霏空暮雨，杳杳映残阳。
舒卷应时令，因知圣历长。

诗中，天气状况从小雪飘飘转变为“霏霏空暮雨”，可见当时的气温不低。然而，即便在这样的情况下，残阳斜照也没有出现以往的彩虹。

所以，诗人以为，这是“应节晚虹藏”。

小雪二候：天气上升，地气下将

小雪交节之后，过了五日，天气上升，地气下将。此时，天地阴阳二气不交，天气沉闷，整日里只见铅灰色的云层阴沉着心事。

还好，还好，天地无意人有情。这不，汉朝有位空守闺房的妇人，在孟冬时节等来了一位客人，给她稍来远方丈夫的来信。于是就有了下面这首佚名诗，《孟冬寒气至》：

孟冬寒气至，北风何惨栗。
愁多知夜长，仰观众星列。
三五明月满，四五詹兔缺。
客从远方来，遗我一书札。
上言长相思，下言久离别。
置书怀袖中，三岁字不灭。
一心抱区区，惧君不识察。

自从丈夫离了家门，妇人数星星、盼月亮，日子十分难熬。孟冬之时，北风呼啸，寒风凛冽——可是这些，又怎么抵得过她那颗火热的心呢？

远方的良人啊，你还好吗？能否吃得饱，能否穿得暖……天气这么冷了，可曾加衣？又是谁，为你做了冬衣？

最重要的，也是最难以启齿的……妇人婉转了蛾眉，泪水涟涟——良人啊，你的身边是否有了别的女子？有她替你更衣，有她替你做饭？

终究，妇人的心还是为远方的丈夫担忧着，只想要他好。

可是，妇人的心还是沉着的……思来想去，辗转难安……然而，再怎么折腾，都是无济于事。只好如往日一般，倚靠了门框，一遍又一遍地数着天上的星星。仿佛，只要数完天上的星星，她的丈夫就可以归家了。

天地间，北风呼呼，寒意迫人！

忽然，有位客人不期而至，给她带了丈夫的书信。上面写着：长相思啊，久别离……我的妻。

妇人破涕为笑，自此书信长怀袖中。三年，小心呵护，字迹不灭。

因了一份承诺，她一心一意守护着它。只恐，他不了解自己的一片心。

可是我相信，只要相爱，无论多么遥远的距离，都是咫尺。终有一天，他会回来的。

同样的天气，相比之下白居易才懒得抑郁，而是开开心心约好友刘十九来家中喝酒。

你看他多么欢乐！

绿蚁新醅酒，红泥小火炉。
晚来天欲雪，能饮一杯无？

像这样开心的好友小聚，聊聊天，再喝点暖心的小酒，换谁都干呐！

什么生活烦恼，统统抛到脑后，这世界没有过不去的坎儿。

小雪三侯：闭塞而成冬

又五日，阳气下藏地中，阴气闭固而成冬。

是呀，严冬来了！

此时，我倒觉得唐朝的吕温所作的《孟冬蒲津关河亭作》一诗立意挺好。全诗如下，大家欣赏：

息驾非穷途，未济岂迷津。
独立大河上，北风来吹人。
雪霜自兹始，草木当更新。
严冬不肃杀，何以见阳春。

其实，无论逢着什么样的处境，心态很重要。就像诗人说的那样，“严冬不肃杀，何以见阳春”。

人这一生，不可能总是顺风顺水，要有足够的勇气面对生活所给予我们的一切。只有经过了，才会明白，好好活着最重要。

风雨过后是彩虹，这句话是对的。等到那一天，你所经历的一切，都会成为宝贵的财富，时时温暖着你的心。你的生命会因此而精彩，你的人生会因此而丰厚。

若说这一点，我素来喜欢李太白，且看他的《冬日归旧山》一诗：

未洗染尘缨，归来芳草平。
一条藤径绿，万点雪峰晴。
地冷叶先尽，谷寒云不行。
嫩篁侵舍密，古树倒江横。
白犬离村吠，苍苔壁上生。
穿厨孤雉过，临屋旧猿鸣。
木落禽巢在，篱疏兽路成。
拂床苍鼠走，倒箧素鱼惊。
洗砚修良策，敲松拟素贞。
此时重一去，去合到三清。

遥想当年，他在皇宫之中过得是怎样的繁华，贵妃磨墨，力士脱靴。如今浮华散去，他却也受得了富贵，耐得住清贫。

家中“拂床苍鼠走，倒箧素鱼惊”的日子，不可谓不困窘，然而他却心平气和地洗砚磨墨，再修良策。

诗中流露的平和之气让人感动，这哪里还是从前那个“冻笔新诗懒写，寒炉美酒时温”的李太白嘛！

这首诗，简直太接地气了，我喜欢。

相比之下，杜甫就显得有点苦哈哈了。那年冬天过骊山天气颇冷，让他直抱怨“霜严衣带断，指直不得结”。然而即便是这样，他还足足写了五百字的诗。

这首诗的名字就叫《自京赴奉先县咏怀五百字》，还是挺写实的。该诗最著名的，当属“朱门酒肉臭，路有冻死骨”两句，这里就不一一而叙述了，只拣简明扼要的摘录：

岁暮百草零，疾风高冈裂。

天衢阴峥嵘，客子中夜发。

霜严衣带断，指直不得结。

凌晨过骊山，御榻在嵽嵲。

蚩尤塞寒空，蹴蹋崖谷滑。

杜甫写诗，本就以现实见长，鞭挞入里，因此成就了他“诗圣”的美名。他生前所受的苦，成就了后世的千古之名。

这亦是一种幸福，他没有在“闭塞而成冬”的时代，冻结自己的才华，所以，在日后百花盛开的季节，万古流芳。

2. 中田有庐，疆埸有瓜。是剥是菹，献之皇祖——习俗

小雪时节，我国很多地方都有腌菜的习俗，特别是北方地区家家户户都会准备青翠的萝卜叶子腌酸菜。

隆冬季节，外面白雪漫天、滴水成冰；屋内，大家围炉取暖话丰收，喜气洋洋。

若是清晨，则用当年的新小米做一锅黄澄澄、口感软糯的焖饭，就以酸香扑鼻的炒酸菜，不由胃口大开，一天都有精神；若是中午，就用酸菜、

豆腐、豆芽快火炒就，再佐以炒香的芝麻盐儿，就着杂粮面条下饭，真是异乡扑鼻！

长大后，渐渐发现四川的泡菜酸辣诱人，别有一番滋味；而来自浙江、江苏等地的雪菜，其独有的醇厚滋味让人念念不忘；更别说著名的涪陵榨菜，人人爱吃的糖醋蒜以及让孩子们挪不开脚步的辣海带、辣芥菜等多种开胃小菜了。

可见，腌泡菜在我国有着源远流长的传统。与其相关的诗词，最早可追溯到先秦时期的《小雅·信南山》：

信彼南山，维禹甸之。畇畇原隰，曾孙田之。我疆我理，南东其亩。
上天同云，雨雪雰雰，益之以霢霂。既优既渥，既沾既足，生我百谷。
疆埸翼翼，黍稷彧彧。曾孙之穑，以为酒食。畀我尸宾，寿考万年。
中田有庐，疆埸有瓜。是剥是菹，献之皇祖。曾孙寿考，受天之祜。
祭以清酒，从以骍牡，享于祖考。执其鸾刀，以启其毛，取其血膋。
是烝是享，苾苾芬芬。祀事孔明，先祖是皇。报以介福，万寿无疆！

这是周王冬日祭祖时的乐歌，通过描写大地富饶、风调雨顺以及物产丰富的情景向祖先祭祀，并祈求他们保佑赐福。

特别是“中田有庐，疆埸有瓜。是剥是菹，献之皇祖”，这几句形象地描述了人们收获瓜果蔬菜后腌渍酸菜的过程，还有准备祭祀先祖的过程。

菹，按照《说文解字》：“菹菜者，酸菜也。”

北魏的贾思勰，在其编撰的《齐民要术·作菹藏生菜法第八十八》中，详细记载了做菹菜的方法：“收菜时，即择取好者，菅蒲束之。”“作盐水，令极咸，于盐水中洗菜，即内瓮中。——若先用淡水洗者，菹烂。”

盐水洗菜，当时为了消毒灭菌，另外还要注意器具无油、无水等注意事项。经历一段时间的发酵后，泡菜弥漫着自然的酸香，别有一番风味。

不但利于肠胃，且便于储存。

看似不起眼的腌泡菜，历经数千年的流传，依然大放异彩。

腌腊肉

宋朝的王迈写了一首《腊肉》诗：

霜蹄削玉慰馋涎，却退腥劳不敢前。
水饮一盂成软饱，邻翁当午息庖烟。

小雪之后渐渐进入严寒天气，四川及湖南等地的人们可以开始准备腊肉了，正如民谚所语：“冬腊风腌，蓄以御冬。”

可以加工腊肉的食材很多，猪肉、鸡肉、鸭肉等，但最好还是上好的五花肉。

这个风俗的形成，主要是从前物资流动不便，农民们家家户户养猪、喂鸡、种地，以求自给自足。到了冬季，出于补充营养的需求，要适当进补肉类，于是纷纷杀猪宰牛用以食补。但是这么多肉搁置时间长了会变质，怎么办？

人民群众的智慧之灯就点亮了：他们将大部分的肉用食盐、花椒、八角、桂皮等香料腌制后，再用清香的柏树枝、甘蔗皮等慢慢熏烤入味，最后再悬挂起来风干而成。等到过春节的时候，这便是风味独特的美食了，可以招待宾客，也可自用。

据说做好的腊肉切片后透明发亮，脂肪如腊，瘦肉棕红，烹制的时候“一家煮肉百家香”，让人馋涎欲滴。不信且看诗人开篇之句，“霜蹄削玉慰馋涎”，着实让人迈不开脚步呀！

切记，煮腊肉需用冷水！不但使肉质软嫩，且腌制过程中产生的亚硝酸盐可以溶解水中，吃起来更健康。

相比之下，杨万里比王迈爽快多了，想吃便吃，大快朵颐。你看他的《吴春卿郎中饷腊猪肉，戏作古句》一诗：

老夫畏热饭不能，先生馈肉香倾城。霜刀削下黄水精，月斧斫出红松明。君家猪红腊前作，是时雪没吴山脚。

公子彭生初解缚，糟丘挽上凌烟阁。却将一脔配两螯，世间真有扬州鹤。

从第一句，我们发现诗人畏热，导致他吃不下饭。此时老朋友吴春卿带来了腊肉让他解馋，他终于忍不住笑了。

要知道，这份厚礼可是去冬所做呀！你看，诗中说得很清楚："君家猪红腊前作，是时雪没吴山脚。"

奇怪哉？不奇怪！

要知道，腊肉在制作的过程中，用了柏树枝熏烤，因此可以长时间存放，盛夏蚊虫不叮，肉不变质。

对这份"大礼"，诗人笑纳了，和以应季食品螃蟹，美美享用了一顿"大餐"。

吃到这样的反季节食品，在万里看来简直不可思议，难怪他化用"世间真有扬州鹤"的典故来感慨了。

扬州鹤，出自南宋文人殷芸《小说·吴蜀人》，里面有个人物表达了自己的愿望：腰缠十万贯，骑鹤上扬州。

结合文中的意思，此人想同时拥有多人的心愿。其一，资财丰厚，腰缠万贯；其二，官运亨通，做扬州刺史；其三，骑鹤升天，成仙得道。

呵呵，像这样的"完美"生活，试问天地间谁人敢想？

这样的贪婪，终于让苏东坡看不下去了，他忍不住在《于潜僧绿筠轩》一诗中出言讥讽："若对此君仍大嚼，世间那有扬州鹤。"

可是，杨万里同时吃到腊肉和螃蟹之后，却认为此刻的幸福，一点都不亚于那个“骑鹤上扬州”的痴人呢！

吃刨汤

土家族的人们在小雪时，有“杀年猪，迎新年”的习俗。但是他们喜欢用新鲜的猪肉、猪内脏、猪血，再搭配辣椒、花椒等香料，和糯米饭一起剁在一起和匀，最后灌入小肠入水而煮。注，水是取自当地的山泉水。

煮的时候，锅中还会添加猪肉、骨头、萝卜等蔬菜，做成新鲜美味的刨汤火锅让全家人享用。

做刨汤，图的就是新鲜。

晒鱼干

沿海的渔民会在此时腌晒鱼干，原因大概是农历十月的鱼儿比较肥，适合做鱼干。鱼，当选大鱼，因为小鱼肉少不经晒。

将大小合适的鱼开片后，除去内脏，再佐以食盐、花椒、大料等入味，过几天后就可以挂在阴凉通风的地方晾晒了。

其实，这和四川、湘西等地的腌腊肉大同小异，都属于腊味。

吃糍粑

南方的人们有在农历十月吃糍粑的风俗，如同当地谚语所云：“十月朝，糍粑碌碌烧。”

这句话形容的是制作糍粑的过程，意思是：手持筷子将糯米粉团起，如同车轱辘那样上下左右滚动，不断粘起周围的芝麻、花生和砂糖。至于“烧”之一字，是要我们趁热吃，不要辜负了食品刚出锅的香味。

食物刚出锅时，确实有一种非凡的香味，你也可以叫它“锅气”。但是分寸要掌握好，出锅的糍粑又烫又粘，吃得时候千万要小心。

说了这么多，怎么感觉和我们北方的糯米丸同出一辙啊！

如此看来，我国南北饮食文化原有相同之处，想来当是同属一家人的缘故。就连食物，也带着似曾相识的滋味。

第三节　大雪

1. 纷飞大雪转凄迷，鹖旦不鸣马肯啼——候应

纷飞大雪转凄迷，鹖旦不鸣马肯啼；
虎始交后风生壑，荔挺出时霜满溪。

大雪，是二十四节气中的第二十一个节气，每年公历 12 月 7 日或 8 日交节，此时太阳到达黄经 255 度。它和小雪一样，都是反映天气现象的节气。

交节之后，天气更加寒冷，我国很多地方的最低温度降到 0 度或者更低。在强冷空气的作用下，下大雪或者暴雪的可能性加大了。如同《月令七十二候集解》所云："大者，盛也。至此而雪盛也。"

此情此景，当如唐末诗人张孜在《雪诗》中描述：

长安大雪天，鸟雀难相觅。
其中豪贵家，捣椒泥四壁。
到处爇红炉，周回下罗幂。
暖手调金丝，蘸甲斟琼液。
醉唱玉尘飞，困融香汁滴。
岂知饥寒人，手脚生皴劈。

该诗是对当时人们生活情况的真实写照，对此我们不必详谈。就事论事，当此严寒天气大家一定要注意防寒保暖，及时加衣，避免感冒；另外

也要对皮肤做一些护理，防止出现诗中所叙的皮肤皴裂的现象。

对于农民朋友来说，大雪飘飘是个非常好的天气现象，如同民谚说得那样：瑞雪兆丰年呐！

这是因为大雪覆盖后的大地，可以保护农作物周遭的气温不因强冷寒流降得更低，在积雪融化的时候，保证了充足的水量供应，况且雪水中丰富的氮含量是天然的肥料，添加了农作物的营养。

同样，古人将大雪时节分为了三候。

大雪初候：鹖鴠不鸣

鹖鴠，就是大家耳熟能详的寒号鸟。此时天气寒冷，连寒号鸟也不鸣叫了。

《月令七十二候集解》说："鹖鴠，音曷旦，夜鸣求旦之鸟，亦名寒号虫，乃阴类而求阳者，兹得一阳之生，故不鸣矣。"

它的意思是说，寒号鸟属于阴类，夜里鸣叫是为了求得阳气。此时的天气正是极阴之时，达到顶点反而催生了阳气，正所谓水满则溢、月满而亏。敏感的寒号鸟感受到阳气之后，便不再鸣叫。

说起寒号鸟，估计很多人都能想起曾经学过的同名课文，其中最著名的当属那句，"哆罗罗，哆罗罗，寒风冻死我，明天就垒窝。"

这只好吃懒做的寒号鸟，屡次三番不听喜鹊的劝告，始终不肯为自己搭起一个温暖的巢穴，结果在大雪纷飞的夜里，它被活活冻死了。

这个故事对于孩子们来说，具有良好的教育作用。不过，现实中的寒号鸟并不是被严寒的冻死的，它的生命可以接近十年之久。

寒号鸟，还有几个大家比较陌生的名字，如：复齿鼯鼠、橙足鼯鼠、飞鼠、寒号虫等。它是一种啮齿类森林动物，喜欢在高大的乔木树或者陡峭的岩壁筑巢，现分布在我国河北、山西、陕西、贵州、青海等地。

可见寒号鸟并非鸟类，其毛色璀璨，身有肉翅却不能飞，依靠攀爬与滑翔的方式活动。每当夜晚明月升空时，便是它最活跃的时候，或玩耍，或觅食；当玉兔西坠、金乌东升之时，它便返回家中安歇了。从活动方式看，也许飞鼠之名更为符合它的习性特点。

寒号鸟，或许因为与众不同的生活方式；或许因为有翅不能飞的特点；或许因为叫声类似于人类受寒时，不由自主发出的哆嗦声，致使人们对它产生了不好的联想。

除了上面谈到的《寒号鸟》一文，元末明初文人陶宗仪写就的《南村辍耕录》，对寒号鸟的描述更是备含讥诮。摘录如下：

五台山有鸟，名寒号虫。四足，肉翅，不能飞，其粪即五灵脂。当盛暑是，文采绚烂，乃自鸣曰："凤凰不如我。"比至深冬严寒之际，毛羽脱落，索然如彀雏，遂自鸣曰："得过且过。"

话说，人家寒号鸟才不是得过且过呢！只是因为性情孤僻了一些，行事风格另类了一些，便受了如此冤枉。可怜，可叹！

不说别的，单是它那粪便"五灵脂"，便是《本草纲目》中的一味良药，可以通气利脉、治疗妇科疾病。

所以，我们不但要从相关的故事中吸取教训，切勿懒惰、得过且过。做事情更不能着眼于表面，蜻蜓点水一掠而过，而是踏踏实实过好每一天，做好每一件事情。

大雪二候：虎始交

又五日，老虎开始求偶。

大雪纷飞的冬季，老虎要开始谈恋爱了，开始新的生活。古人以为，这是因为它们感受到天地间阳气萌动的行为。

此番风景，莫过于唐时张籍的《相和歌辞·猛虎行》：

南山北山树冥冥，猛虎白日绕林行。

向晚一身当道食，山中麋鹿尽无声。

年年养子在深谷，雌雄上山不相逐。

谷中近窟有山村，长向村家取黄犊。

五陵年少不敢射，空来林下看行迹。

果然是森林王者，猛虎白日而行，肃杀之气足以让山中麋鹿俯首帖耳，默默无言。五陵年少，未经世事，更不敢射！

只是，即便再威猛的强者，也有温柔的时候——情窦初开，雌雄相伴上山去了。

洞内，一派春光；洞外，白雪皑皑。

大雪三候：荔挺出

后五日，荔挺也随之发出了新芽。

荔挺，是兰草的一种。《集解》对此有详细描述："荔，一名马薗叶似蒲而小，根可为刷。"

古人素以兰草比喻高洁的君子，所以《逸周书·时训》上说："荔挺不生，卿士专权。"而《颜氏家训·书证》："荔挺不出，则国多火灾"的言论。

关于兰草的古诗，历来文人墨客吟咏较多，摘录几首如下：

其一，《兰》

本是王者香，托根在空谷。

先春发丛花，鲜枝如新沐。

与善人居，如入芝兰之室，久而不闻其香，即与之化矣。

该诗为苏东坡所写，其一生风骨，当得起“兰”这个字。

其二,《古风》

孤兰生幽园，众草共芜没。
虽照阳春晖，复悲高秋月。
飞霜早淅沥，绿艳恐休歇。
若无清风吹，香气为谁发。

这首诗的作者是李白。其写作背景是，诗人应诏入长安仅仅两年，唐玄宗便因为高力士的谗言挑拨，开始冷落他。

敏感的诗人觉察到了寒意彻骨，在悲凉之下写就该诗。感叹其高洁不容于众芳草，如兰草一般芬芳，却不知香气为谁而发。

不过，历经世事风霜之后，李白在天宝十三年游览铜陵五松山时，结识了南陵县丞常赞。二人交往甚密，相见恨晚。在赠与好友的诗中，再次表达了“为草当作兰，为木当作松”的愿望。

《于五松山赠南陵常赞府》全诗如下：

为草当作兰，为木当作松。
兰秋香风远，松寒不改容。
松兰相因依，萧艾徒丰茸。
鸡与鸡并食，鸾与鸾同枝。
拣珠去沙砾，但有珠相随。
远客投名贤，真堪写怀抱。
若惜方寸心，待谁可倾倒。
虞卿弃赵相，便与魏齐行。
海上五百人，同日死田横。

当时不好贤，岂传千古名。
愿君同心人，于我少留情。
寂寂还寂寂，出门迷所适。
长铗归来乎，秋风思归客。

想来，无论风刀霜剑、冰雪交迫，兰草自芬芳，青松挺且直。何必担忧，“荔挺不生，卿士专权”呢?

2. 六出飞花入户时，坐看青竹变琼枝——习俗

大雪交节之后，我国北方的人们时常可见千里冰封、万里雪飘的壮观场景。古往今来，多少文人骚客为之沉醉，留下了美丽篇章。

南北朝时的刘义庆就记下了一则《咏雪联句》的佳话：

白雪纷纷何所似?
撒盐空中差可拟。
未若柳絮因风起。

开篇之句，显然是有人抛出了问题，后两句紧接着就做出了回答——一个将飞雪比作了空中撒盐，另一个则喻为了迎风飞舞的柳絮。

这首奇特的诗句到此戛然而止——不仅仅是因为它华丽开章，仓促结束。而是因为仅有的三句诗，就有三个作者。分别是：谢安、谢朗、谢道韫。

谢安乃是东晋时期颇有胆识的政治家，他出身高门士族，素有文采，与王羲之、许询等名士交游甚多，有“江左风流宰相”之称。另外两位作者，谢朗、谢道韫是谢安哥哥的一双儿女，前者为兄，后者为妹。

有一年冬日，谢安在家为子侄辈讲诗论文。忽然天空飘起了雪花，便

依着此时景色题了首句诗："白雪纷纷何所似？"

谢朗见状很快接韵："撒盐空中差可拟。"

论理，谢朗"少有文名"，也是罕见的人才了。仓促之下，接续之句也并非没有可取之处，可是他的妹妹谢道韫就觉得不太好，差了那么一点韵味，便随口接续了第三句："未若柳絮因风起。"

想来也是，撒盐亦可，但未免有点实在。相比之下，迎风飞舞的柳絮就多了几分飘摇之态、蒙蒙之美。

谢安大笑。自然，他也觉得侄女的文采在侄儿之上。

这则典故，便经了刘义庆的手，流传后世。到最后，作者不忘点名谢安侄女的身份，"左将军王凝之妻也"。

身为将军夫人自然可以抬高身份，然而，这世间并非所有的贵妇人都有咏絮才。

自谢道韫之后，人们但凡赞美某位才华横溢的女性，咏絮之才便是对其最大的肯定。

雪花，还是同样的雪花，仍然一如既往地飘飞。只是在不同的赏雪人眼中，便有着不同的意味。你看唐代的高骈写下的《对雪》一诗，便是形神俱备。其诗如下：

六出飞花入户时，坐看青竹变琼枝。
如今好上高楼望，盖尽人间恶路岐。

且不说诗中的借景抒怀之意，但就首句以"六出飞花"比拟雪花的飘逸以及六角形态，便是绝佳。

诗人驻足窗前，默默观赏飞雪将世界装扮的洁白无瑕，就连庭院中的青竹林也变成了玉树琼枝，令人称羡。

他想，假如此时登上高楼远眺，映入眼帘的一定是纯白无尽的坦途，掩盖了世间所有的崎岖之路。

我们不得不说，这是诗人的理想。

可是，这世间正是有了对于美好生活的向往，才变得光明无限。

烤肉

若说赏雪联诗，大观园的公子小姐们也不甘示弱。这不，憨直的史湘云撺掇着宝玉到凤姐处要了新鲜的鹿肉，和众姐妹前往芦雪庵烤肉、喝酒、联诗去了。

说干就干，只见那宝玉、湘云，还有凤姐屋里的平儿，三个人围着火炉大展身手，先烧烤了三块来解馋——味道好像还不错，香气勾引着三小姐探春也来品尝了。

这样一群人也顾不上闺阁风度，一个个割腥啖膻，吃得忘乎所以——当然，素来肠胃较弱的林妹妹是无福消受的。

这一幕，旁人看了惊讶，自家人却习以为常。比如宝钗和黛玉是素常见惯了，处变不惊——宝钗甚至还怂恿娇弱的薛宝琴也去尝尝。

没见过这等阵仗的宝琴开始嫌脏，一尝之后便管不住嘴，顾不得闺阁女子形象也大吃特吃起来。

最喜湘云洒脱，边吃边提议喝酒联诗。

这等好事，众人自然喜欢，就连不识大字的俗人王熙凤也来凑热闹——开篇就是人家的杰作，看似最粗俗的一句，却给众人留下了足够的发挥空间。

于是，一首洋洋洒洒的诗作就此诞生：

一夜北风紧，开门雪尚飘。

入泥怜洁白，匝地惜琼瑶。

有意荣枯草，无心饰萎苕。

价高村酿熟，年稔府粱饶。
葭动灰飞管，阳回斗转杓。
寒山已失翠，冻浦不闻潮。
易挂疏枝柳，难堆破叶蕉。
麝煤融宝鼎，绮袖笼金貂。
光夺窗前镜，香黏壁上椒。
斜风仍故故，清梦转聊聊。
何处梅花笛？谁家碧玉箫？
鳌愁坤轴陷，龙斗阵云销。
野岸回孤棹，吟鞭指灞桥。
赐裘怜抚戍，加絮念征徭。
坳垤审夷险，枝柯怕动摇。
皑皑轻趁步，翦翦舞随腰。
煮芋成新赏，撒盐是旧谣。
苇蓑犹泊钓，林斧不闻樵。
伏象千峰凸，盘蛇一径遥。
花缘经冷聚，色岂畏霜凋。
深院惊寒雀，空山泣老鸮。
阶墀随上下，池水任浮漂。
照耀临清晓，缤纷入永宵。
诚忘三尺冷，瑞释九重焦。
僵卧谁相问，狂游客喜招。
天机断缟带，海市失鲛绡。
寂寞对台榭，清贫怀箪瓢。
烹茶冰渐沸，煮酒叶难烧。
没帚山僧扫，埋琴稚子挑。

石楼闲睡鹤，锦罽暖亲猫。
月窟翻银浪，霞城隐赤标。
沁梅香可嚼，淋竹醉堪调。
或湿鸳鸯带，时凝翡翠翘。
无风仍脉脉，不雨亦潇潇。
欲志今朝乐，凭诗祝舜尧。

此番诗词大联赛，虽然大观园宝钗、黛玉两大才女，外加新秀薛宝琴，她们三人大战史湘云，结果后者仍然以量取胜，占了上风——用黛玉的话说，“都是那块鹿肉的功劳。”

看架势，分明是和谢道韫的咏絮之才要拼个高低。我却觉得，还是黛玉的无风仍脉脉、和宝琴的不雨亦潇潇夺得飞雪之神韵，似在咏絮之上。

只是可怜我们的怡红公子，肉也吃了，谢朗的“撒盐”之典也用了，依旧落了个下风。

其实，我在这里说长论短也是白费功夫，众人才深才浅全由曹公说了算。费这半天劲，我也要吃块烤肉提提神。猪排、鸡腿、羊肉均可，多撒点孜然。

吃饴糖

寒冬之时补养身体，从前富裕的人家吃肉喝酒，家境贫寒的只能忘肉兴叹，但是饴糖却是通行于各阶层的大众食品。

饴糖，也叫麦芽糖。李时珍这样说：“饴饧，用麦或谷芽同诸米熬煎而成，古人寒食多食饧，故医方亦收用之。”

饴饧，词语解释泛指饴糖。其有软、硬两种，软的通俗讲是糖稀，高雅一点叫胶饴；硬的是白饴糖，软饴糖搅拌后在空气的作用下，凝固成黄白色。像李时珍所叙，药用当是胶饴。

说起这点，忽然想起小时候姥姥用胡萝卜煎熬出的糖稀，滋味甚美，不是是否属于饴糖的一种？

关于饴糖的古诗，苏轼在《月饼》一诗有所体现：

小饼如嚼月，中有酥和饴。

默品其滋味，相思泪沾巾。

如该诗所叙，月饼中加入了酥油和饴糖混合而成的馅料，当是软饴糖——其实，古人将饴糖包入其中，做成的精美糕点有许多。诸如桂花糕、如意糕、玫瑰酥等等，不一而足。

正所谓甘之如饴是也！

再将时光回转几十年，寒冷的冬天，北方的大城小巷不时走过敲锡锣卖饴糖的小贩。随着一声声的锣响，不时有老人和妇女出来购买饴糖。

你看，在北风的侵袭下，人们不可避免伤风着凉、咳嗽，而饴糖润肺止咳的效果就挺好。

吃夜作饭

冬季夜长，人们便将此段时间很好地利用起来，家庭劳作以及各种店铺、加工厂，百业兴盛。深夜归家的时候，就需要吃点东西填饱肚子，此时加餐就是夜作饭。

杨万里的《观雪》诗很是应景：

坐看深来尺许强，偏於薄暮发寒光。

半空舞倦居然嬾，一点风来特地忙。

落尽琼花天不惜，封它梅蕊玉无香。

倩谁细橪成汤饼，换却人间烟火肠。

诗人笔下的汤饼，就是大家熟知的汤面条。

在白雪皑皑的冬夜，能够吃上一碗汤汤水水的面条，边吃边冒汗，浑身的毛孔都是通畅的，疲倦的身心顿时得到放松。况且，热乎乎的面条汤挺养胃。

此时，人们边吃边看身畔的儿童嬉戏，扬起一团团的雪球飞舞来去，甚是有趣。

第四节　冬至

1. 短日渐长冬至矣，蚯蚓结泉更不起——候应

短日渐长冬至矣，蚯蚓结泉更不起；
渐渐林间麋角解，水泉摇动温井底。

冬至是按照天文划分的节气，每年公历 12 月 22 日前后，太阳到达黄经 270 度，便是交节之时。它不仅是我国二十四节气中的第二十二个节气，更是古人最早制定出的节气之一。

此时太阳几乎直射南回归线，是北半球一年中白昼最短的一天，因此也被古人称为“日短、日短至”。

据《月令七十二候集解》记载，“冬至，十一月中。终藏之气至此而极也。”

阴极之至，阳气始生。过了冬至这一天，白昼一天比一天长，便开始数九了。数九天是一年中天气最为寒冷的时候，如同民谚所语：“冷在三九，热在三伏。”

冬至交节后，我国北方地区可以说是“千里冰封，万里雪飘；大河上下，顿失滔滔……”

此情此景，当如明代董其昌在《长安冬至》中描述：

子月风光雪后看，新阳一缕动长安。
禁钟乍应云门面，宝树先驱黍谷寒。

大雪之时，北方冰天雪地，苏辙和老妻却在冬至日吃上了吴江柑橘，可见南北差异：

阴阳升降自相催，齿发谁教老不回。
犹有髻珠常照物，坐看心火冷成灰。
酥煎陇坂经年在，柑摘吴江半月来。
官冷无因得官酒，老妻微笑泼新醅。

此时尽管是一年中最寒冷的日子，诗人所描述的吴江等南方地区，气温则在 5 度之上。越冬作物一片翠绿，生机盎然，也难怪可以吃到应季的水果了。

可见，古人创造的二十四节气当与黄河流域的气候对照，应以理性的目光看待。

冬至初候：蚯蚓结

对于这样一个物候现象，《月令七十二候集解》这样说："六阴寒极之时蚯蚓交相结而如绳也。阳气未动，屈首下向，阳气已动，回首上向，故屈曲而结。"

古人认为，蚯蚓阴曲阳升，冬至虽然阳气初起，阴气却依然强盛，所以土中的蚯蚓仍然蜷缩着身体。

蚯蚓，也称地龙。我认为，此时状态同《周易》第一卦第一爻"潜龙勿用"，有异曲同工之妙。

周易开篇以乾卦为首，自有深意。乾，象征天、象征君王、象征人之首脑，尊贵之至。然而第一爻，却是极其低调的潜龙勿用，这是为什么呢？

原来，第一爻虽然是创世之初的那一束阳气，怎奈身居人下，处于最下一个爻位。只好暂收光芒，潜藏勿动了。

先哲的意思是告诫我们，当一个人身处逆境时，要学会韬光养晦，暂避风芒。

君不见，越王勾践卧薪尝胆忍辱十年，终报灭国恨！君不见，韩信能忍胯下辱，终率雄师百万兵！君不见，司马迁忍辱受宫刑，终于成就史家之绝唱！

其实，即便是寻常百姓，亦可以从乾卦六爻的变化中，得到人生的启示。

初九，潜龙勿用；九二，见龙在田，利见大人；九三，君子终日乾乾，夕惕若厉，无咎；九四，或跃在渊，无咎；九五，飞龙在天，利见大人；九六，亢龙有悔。

这些话，连缀起来可以这样理解：当我们身处逆境时，要学会修身养性，切莫妄动；一旦时机成熟，就要立即行动，有所表现；但是在做事的时候，要讲究方式方法，如果一味刚愎自用，就值得警惕了；当你在接近成功的时候，要小心谨慎，根据情况变化调整行动方案；

好了，现在你已经成功，飞龙在天，成为生活的强者。此时的你，必然是春风得意马蹄疾——切记，不要一味逞强，只知向前不知后退。你要知道，飞龙在天，已经到达顶点；若是继续前行，必然招致失败，亢龙有悔了。

一阴一阳谓之道，从自然到人生，都在变化中前进。如同元朝全真道第六代掌教宗师，在《江城子·龙阳观冬至》所写：

六阴消尽一阳生。暗藏萌。雪花轻。九九严凝，河海结层冰。二气周流无所住，阳数足，化龙升。

归根复命性灵明。过天庭。入无形。返复天机，升降月华清。夺得乾坤真造化，功行满，赴蓬瀛。

另外，北宋郭熙的《四时之风》所叙也是同样的道理，我们需认真体会：

春风能解冻，和煦催耕种。
裙裾微动摇，花气时相送。
夏风草木熏，生机自欣欣。
小立池塘侧，荷香隔岸闻。
秋风杂秋雨，夜凉添几许。
飕飕不绝声，落叶悠悠舞。
冬风似虎狂，书斋皆掩窗。
整日呼呼响，鸟雀尽潜藏。

一年四季各有变化，当此冬至严寒之时，像鸟雀、蚯蚓那样将自己蜷缩潜藏，也是明智之举呀！

正所谓，君子适时而动，有所为有所不为。

冬至二候：麋角解

古人以为，麋、鹿虽然同科，却各有阴阳。麋的角朝后长，属阴；鹿的角朝前长，属阳。冬至一阳生，麋感受到阴气渐消，开始解角。

麋是一种外形非常奇特的动物：它的体型比牛大，毛色淡褐；角像鹿，尾像驴，蹄像牛，颈像骆驼。但是从整体看，它和哪种动物长得都不像——正是《封神演义》中姜子牙胯下的坐骑“四不像”。

从生活习性上讲，麋喜欢水泽，非常善于游泳，再加上它那硕大的四蹄，有利于在沼泽地带以及泥泞的树林间觅食，这点完全符合它属阴的禀性。

《集解》引用《别录》上的记载说:“麋生南山山谷及淮海边。十月取之。”清朝弘景也说:“今海陵间最多。千百为群，多牝少牡。”

麋角非常珍贵，有极好的药用价值，也因此遭人类狩猎渐渐稀少。清朝时期，大部分麋鹿都被圈养在了皇家御苑，以供观赏。后来随着八国联军的入侵，全部被转运到了欧洲；上世纪八十年代，回归我国。现今，麋鹿数量大约2000多只，属世界珍稀保护动物。

关于麋鹿的古籍记载、诗词歌赋，古人留下了不少篇章。譬如屈原的《九歌·湘夫人》:

帝子降兮北渚，目眇眇兮愁予。嫋嫋兮秋风，洞庭波兮木叶下。

登白薠兮骋望，与佳期兮夕张。鸟何萃兮苹中，罾何为兮木上?

沅有芷兮澧有兰，思公子兮未敢言，荒忽兮远望，观流水兮潺湲。

麋何食兮庭中，蛟何为兮水裔?朝驰余马兮江皋，夕济兮西澨。闻佳人兮召余，将腾驾兮偕逝。

筑室兮水中，葺之兮荷盖。荪壁兮紫坛，播芳椒兮成堂。桂栋兮兰橑，辛夷楣兮药房。罔薜荔兮为帷，擗蕙櫋兮既张，白玉兮为镇，疏石兰兮为芳。芷葺兮荷屋，缭之兮杜衡。合百草兮实庭，建芳馨兮庑门。九嶷缤兮并迎，灵之来兮如云。

捐余袂兮江中，遗余褋兮醴浦。搴汀洲兮杜若，将以遗兮远者。时不可兮骤得，聊逍遥兮容与!

是呀，麋鹿为何觅食于庭院，蛟龙为何水中游?屈原大夫对天地万物充满了疑惑，欲问个究竟。即便是在这篇祭祀湘水女神的文章中，亦是体现得淋漓尽致。

先秦时期的《小雅·巧言》一文，作者则借用了麋鹿的名头，将世间巧言令色之徒骂了个痛快。

全文如下：

悠悠昊天，曰父母且。无罪无辜，乱如此憮。昊天已威，予慎无罪。昊天泰憮，予慎无辜。

乱之初生，僭始既涵。乱之又生，君子信谗。君子如怒，乱庶遄沮。君子如祉，乱庶遄已。

君子屡盟，乱是用长。君子信盗，乱是用暴。盗言孔甘，乱是用餤。匪其止共，维王之邛。

奕奕寝庙，君子作之。秩秩大猷，圣人莫之。他人有心，予忖度之。跃跃毚兔，遇犬获之。

荏染柔木，君子树之。往来行言，心焉数之。蛇蛇硕言，出自口矣。巧言如簧，颜之厚矣。

彼何人斯？居河之麋。无拳无勇，职为乱阶。既微且尰，尔勇伊何？为犹将多，尔居徒几何？

奸猾之辈贻害不浅，世人皆恨！只是麋鹿可怜，只因喜爱阴凉的水泽之地，连带着受了多少冤枉气——彼何人斯？居河之麋。

却是医者李时珍，实在懒得理会那些纷纷扰扰，只是用冷静的语气告诉我们：“麋喜泽而属阴，故冬至解角。麋似鹿而色青黑，大如小牛，肉蹄，目下有二窍为夜目……”

实事求是，挺好。

冬至三候：水泉动

后五日，泉水也感受到了阳气初萌，冰雪之下开始流动而且温热。《集解》上说：“水者天一之阳所生，阳生而动，今一阳初生故云耳。”

特别是济南趵突泉，即便是严冬季节亦是波光粼粼、水雾袅袅，正如本地人所形容“云蒸雾润”。

老舍先生在《济南的冬天》一文，曾经有过详细的描述:“古老的济南，城里那么狭窄，城外又那么宽敞，山坡上卧着些小村庄，小村庄的房顶上卧着点雪，对，这是张小水墨画，也许是唐代的名手画的吧。

那水呢，不但不结冰，倒反在绿萍上冒着点热气，水藻真绿，把终年贮蓄的绿色全拿出来了。天儿越晴，水藻越绿，就凭这些绿的精神，水也不忍得冻上，况且那些长枝的垂柳还要在水里照个影儿呢！看吧，由澄清的河水慢慢往上看吧，空中，半空中，天上，自上而下全是那么清亮，那么蓝汪汪的，整个的是块空灵的蓝水晶。这块水晶里，包着红屋顶，黄草山，像地毯上的小团花的小灰色树影。这就是冬天的济南。”

我虽未曾到过济南，可是细想，若是逢了下雪天气，一边是白雪飘零，一边是水汽氤氲，该是怎样绝美的景象呢?

所以，若是机缘合适，我希望在冬至的日子里，最好还是下着雪，且到济南的趵突泉看上一看。

清朝的胡德琳、李文藻、周永年等人没有我这么优柔寡断。想来，他们必是看到了趵突泉最美的身姿。你看在他们编撰的《历城县志》，如此记载:“平地泉源觱沸三窟突起雪涛数尺，声如隐雷，冬夏如一。”

以隐雷相喻，且惊起雪涛数尺，该是何等壮观景象!

宋朝皇室后裔赵孟頫，也有幸在冬季游览了趵突泉，并且写下了应景的诗篇:

泺水发源天下无，平地涌出白玉壶。
谷虚久恐元气泄，岁旱不愁东海枯，
云雾润蒸华不注，波澜声震大名湖。
时来泉上濯尘土，冰雪满怀清兴孤。

后世评价，该诗乃是吟咏趵突泉的上乘之作。诗人巧妙地将泉水的源头以及四季不断的原因点出——源自滦水，自虚谷喷涌而出。最关键的是，有东海相连，自然源泉不断，而诗中描写的“云雾润蒸华不注，波澜声震大名湖”更是绝佳。

在诗人兼游客的赵孟頫看来，自然是“时来泉上濯尘土，冰雪满怀清兴孤”。

冬至时，我还是要到济南看一看的。

2. 候应黄钟动，吹出白葭灰——习俗

候应黄钟动，吹出白葭灰。
五云重压头，潜蛰地中雷。
莫道希声妙寂，嶰竹雄鸣合凤，九寸律初裁。
欲识天心处，请问学颜回。
冷中温，穷时达，信然哉。
彩云山外如画，送上笔尖来。
一气先通关窍，万物旋生头角，谁合又谁开。
官路春光早，篱落数枝梅。

这阕词乃是宋朝汪宗臣所写《水调歌头·冬至》，开篇两句“候应黄钟动，吹出白葭灰”，说的是冬至交节非常重要的习俗——律吕调阳。

律吕的发明人是黄帝时期的乐官泠伦，根据《吕氏春秋·古乐篇》记载，泠伦从凤鸟的鸣叫声中启发灵感，选用内外生长良好的竹管做了十二律。其中奇数的六根为“律”，含义是“雄鸣为六”，为阳律；另外六根偶数称“吕”，含义是“雌鸣亦六”，为阴吕。

我国传统音乐有五个全音，分别是宫、商、角、徵、羽，另外还有两

个半音，“4”和“7”，共有七个音。七音是一个八度的自然音阶，没有音高，泠伦就用律吕给它们定调，确定音高——后来，黄帝又令泠伦与荣将铸十二钟，以和五音。

直白一点说，律吕就是现代音乐的定音管。

词人所写，“莫道希声妙寂，嶰竹雄鸣合凤，九寸律初裁”指的就是上述典故。而“九寸律初裁”，是指律管中最长的一根为九寸，而九是阳的极数——与此相对应的阴吕，最短的那根是四寸六分。

那么，词人所说的这一切和冬至有什么关系呢?

这就涉及到律吕的另外一个重要功能了，调阴阳。

先是将十二根竹管内灌满葭莩飞灰，然后将它们插在西面的阴山，周围用布幔子严严实实遮蔽起来，外面还要有一间密封良好的房间，目的是不让律吕受一点风。自此，就可以安心等候阴阳二气的变化了。

葭莩，是芦苇内膜烧成的飞灰。非常之轻，如此才能灵敏感受地气。

当第一根九寸长律管里面的灰自动飞出来，并发出“嗡”的声音，这个声音就叫作黄钟。它代表着此刻冬至来临，时间是子时。如果用这个声音为音乐定调，相当于现代音乐的 C 调。

古代先哲发明的这种用来定时序、调阴阳的方法，就叫作“律吕调阳”。古籍《千字文》对此也有记载，“寒来暑往，秋收冬藏。闰余成岁，律吕调阳。云腾致雨，露结为霜。”

如此玄妙，令人叹为观止，也难怪汪宗臣感慨：“一气先通关窍，万物旋生头角，谁合又谁开。”

像这种类似的古诗有很多，简直让人数不过来。你看南宋著名的文艺女青年朱淑真，也在冬至这天文思萌发：

黄钟应律好风催，阴伏阳升淑气回。

葵影便移长至日，梅花先趁小寒开。

八神表日占和岁，六管飞葭动细灰。
已有岸旁迎腊柳，参差又欲领春来。

冬至节

冬至是周历的新年，岁首日。如宋朝的李如篪在《东园丛说·春秋说·春秋行夏之时》记载：“夏正月建寅，商正建丑，周正建子者，各用其月为岁首也。建寅则称正月朔旦。”

因此，自周代起冬至节就有隆重的祭祀活动，奏黄钟大吕以示庆祝。唐宋则以冬至和岁首并重，上下一派欢欣，喜气洋洋；人们在这一天祭祖、穿新衣、置办丰盛的冬至宴，一如过节。

我们可以从唐德宗时期朝中重臣权德舆所作，《朔旦冬至摄职南郊，因书即事年代》这一诗作中感知其中繁华隆重：

大明南至庆天正，朔旦圆丘乐七成。
文轨尽同尧历象，斋祠忝备汉公卿。
星辰列位祥光满，金石交音晓奏清。
更有观台称贺处，黄云捧日瑞升平。

直到现代，民间亦有“冬至大如年”的说法。譬如苏州，人们依然沿袭数千年的传统，冬至这一天全家要吃团圆饭，要喝冬酿酒。特别是在黄昏时分，你于街头购物的时候，本地的商贩会歉意地说一句：“今儿不卖了，明年再来吧。”

这一瞬间，会让你产生穿越的梦幻，以为自己回到了先秦时期。

这样隆重的节日气氛，不仅是苏州，就连江浙、闽南一带的人们也是一样欢天喜地过节庆贺。台湾人民，至今还保持着九层糕冬至祭祖的习俗，祭典之后同宗同族的人们把酒言欢，开怀畅饮，共同“食祖”，表达不忘根本。

另外，为了表示冬至节一阳复始，唐朝的人们在这一天佩戴一阳巾；明朝的官员，则身穿绵羊图的宫服——有“以羊代阳”之意。至于民间，自汉朝始就有为家中长辈奉送新鞋袜的传统，含义是“履长至”，让他们以新的步履紧跟时代，健康长寿。

九九消寒

试数窗间九九图，馀寒消尽暖回初。
梅花点徧无馀白，看到今朝是杏株。

这是元代杨允孚在《滦京杂咏》诗集中的一首九九消寒诗。

冬至交节之后，数九寒天是一年中最寒冷的日子，人们就采用各种方法数九。若是好友相聚，就选个九日，邀约九人喝酒；宴席上的餐具亦是九碟九碗——假若是成桌的流水席，则摆花九件，以应消寒之意。

若是闲暇在家的日子，则画九九消寒图消遣。文人雅士，则“画素梅一枝，为瓣八十有一。日染一瓣尽而九九出，则春深矣”。

像这样的九九消寒图，也是“旧历冬至后计日之图”。

另外，若是擅长丹青的妙手，也许会别出心裁，在宣纸上绘画九枝寒梅；每枝恰是九朵，以一枝对应一九，一朵对应一天——每天闲来无事，就看天绘画，按照天气状况绘梅花吧！等到九九八十一朵梅花全部落到宣纸上，春天也就来了。

也有的，做了九体对联消寒图：每联恰是九字，每字正好九划，每天则在上下联各填上一笔……总之方法多种多样，但万变不离其宗。

这样一个漫长而又寒冷的日子，细细数着也就过来了。不但陶冶情操，也可以据此推断当年的雨量以及农作物的丰收与否。

第五节 小寒

1. 去岁小寒今岁又，雁声北乡春去旧——候应

去岁小寒今岁又，雁声北乡春去旧；
鹊寻枝上始为巢，雉入寒烟时一雊。

小寒是我国二十四节气中的第二十三个节气，按照农历应是十二月初交节，但是从公历算交节时间则是新年的 1 月 6 日前后，所以开篇的物候歌会有“去岁小寒今岁又”的说法。

交节之时，太阳到达黄经 285 度。小寒，顾名思义，寒是寒冷的意思；“小”，说明寒冷的程度。对此，《月令七十二候集解》有比较详细的解释：“十二月节，月初寒尚小，故云。月半则大矣。”

小寒期间，也步入了一年天气最为寒冷的“三九”天气，可谓天寒地冻，如同民谚所云：“三九、四九冰上走。”

此时气候状况，古诗也多有描述。比如，唐代刘长卿的《酬张夏雪夜赴州访别途中苦寒作》就比较形象：

扁舟乘兴客，不惮苦寒行。
晚暮相依分，江潮欲别情。
水声冰下咽，砂路雪中平。
旧剑锋芒尽，应嫌赠脱轻。

人生最快乐的事，就是有一二知己贴心。如此，雪夜惜别就是最温暖的回忆。苦寒不苦，友谊长存。

相比之下，孟郊的《苦寒吟》就充满了肃杀之意：

百泉冻皆咽，我吟寒更切。
半夜倚乔松，不觉满衣雪。
竹竿有甘苦，我爱抱苦节。
鸟声有悲欢，我爱口流血。
潘生若解吟，更早生白发。

写诗如此，其实也是心境所致，也难怪苏轼评价“郊寒岛瘦”。郊，是孟郊；岛，贾岛。

在此，我们不做过多的评价。只是感觉孟郊的文风，更贴合此中天气，犹如哈尔滨的冰雕，冷艳绝伦。

当此时节，古人将小寒分为三候。

小寒初候：雁北乡

小寒交节之后，大雁感受到阳气已动，开始往北方迁徙。

东晋的干宝以为，一年之中大雁有四候：“如十二月雁北乡者，乃大雁，雁之父母也。正月侯雁北者，乃小雁，雁之子也。盖先行者其大，随后者其小也。”这种观点被如实记载在《月令七十二候集解》之中。

大雁本是候鸟，感知阴阳顺时而动，引发了古人几多感慨。你看，诗圣杜甫所写《归雁》诗：

万里衡阳雁，今年又北归。
双双瞻客上，一一背人飞。

云里相呼疾，沙边自宿稀。
系书元浪语，愁寂故山薇。
欲雪违胡地，先花别楚云。
却过清渭影，高起洞庭群。
塞北春阴暮，江南日色曛。
伤弓流落羽，行断不堪闻。

大雁北归，本是生机勃勃的景象，然而诗人怀着几多忧思。所谓言为心声，这样的情况想来与他一生经历有关。

他曾见，大唐盛世欢歌燕舞；他曾见，安史之乱兵革乍起；他曾见，朱门酒肉臭，路有冻死骨。

所以他的诗，处处体现心怀天下、哀民生之多艰的韵味。

你看，即便是小小的大雁北归，诗人也会担心“伤弓流落羽”。

杜诗这浓浓的哀伤背后，却是在企盼严冬之后那暖暖的春意呀！

此时此刻，我想也只有应期而开的傲冬梅花，能够与杜诗相匹配了。

且看他的《江梅》一诗：

梅蕊腊前破，梅花年后多。
绝知春意好，最奈客愁何。
雪树元同色，江风亦自波。
故园不可见，巫岫郁嵯峨。

从“雪树元同色”一句，可知杜甫笔下的描写的乃是白梅花——哎，他倒不肯改色，咏梅也是冰清玉洁。

可敬！可叹！

一样的傲骨，陆游的《梅花绝句》别开生面：

闻道梅花坼晓风，雪堆遍满四山中。

何方可化身千亿，一树梅花一放翁。

咏物当以言志，“一树梅花一放翁”，真好！

小寒二候：鹊始巢

五日后，北方的喜鹊已经开始筑巢了。

喜鹊历来和人类关系相宜，即便筑巢也爱搭在民宅左右的大树上。在我国，人们将喜鹊视为吉祥的象征，听见喜鹊叫声以为喜兆，称之为灵鹊报喜。由此引申，民间渐渐有了画鹊兆喜的传统。

你看，宋朝王庭筠所作《谒金门·双喜鹊》，别有一番滋味：

双喜鹊，几报归期浑错。尽做旧愁都忘却，新愁何处着？

瘦雪一痕墙角，青子已妆残萼。不道枝头无可落，东风犹作恶。

这样的文风，仿若以妇人口吻写就的闺怨诗，显得幽怨婉转，我却觉得，词人当时的心境应是另有所指。

双鹊报喜，几番出错，当是心中企盼的人没有如期归来的缘故。因此也就旧愁难忘、新愁绵绵无处安放了。

而“瘦雪一痕墙角，青子已妆残萼”两句，既点名了寒冬时序，也化用了旧时“喜鹊登枝”的典故。

相传，唐朝时候南康郡有个叫黎景逸的男子，他家门前树上筑有鹊巢。年深日久，人与喜鹊相看两不厌，彼此欢喜。

忽一日，附近出现了一桩莫名失窃案，黎景逸被诬告入狱。无论怎样逼供，他自然不肯糊涂招供，毁了名节。官司就这样拖下来了，黎景逸也被收入狱中，苦熬时日。

大约过了一个多月，黎景逸忽然听到熟悉的鸟叫声。透过狱窗一看，家中的喜鹊不知何时飞到了外面的树上，正叽叽喳喳向他欢叫个不停。

黎景逸的心头忽然松快起来，他有一种直觉，喜鹊定然想告诉他一些“好消息”。很快，看守的狱卒告诉他，有人路遇一位白领青衣的男子。据男子说，朝廷很快颁布大赦令，像黎景逸这样的情况，很可能在特赦范围内。

黎景逸低头暗想：白领青衣，正是喜鹊白色前胸，青色羽毛的形象呀！

三天之后，南康郡果然收到大赦令，黎景逸平安归家。

上述王庭筠词中，青子一词，当是出自其中。

另外，李商隐的《赋得月照冰池》，描写此时风景，意境极美！

皓月方离海，坚冰正满池。
金波双激射，璧彩两参差。
影占徘徊处，光含的皪时。
高低连素色，上下接清规。
顾兔飞难定，潜鱼跃未期。
鹊惊俱欲绕，狐听始无疑。
似镜将盈手，如霜恐透肌。
独怜游玩意，达晓不知疲。

在坚冰满池、潜鱼无期的季节，飞来飞去的喜鹊当是最为欢快的风景。

只是，一轮皓月当空，把那池内寒冰照耀得如同明镜一般，可怜鹊儿竟不知如何自处了。

当此时节，小寒第二候的花信风是山茶花。清朝刘灏吟咏《山茶》的诗句很是应景：

凌寒强比松筠秀，吐艳空惊岁月非。

冰雪纷纭真性在，根株老大众园稀。

茶花乃十大名花之一，世人以杨妃的姿容比拟，可见其惊艳。能够在冰雪迫人的寒冬，欣赏到醉人的胭脂香色，也算人生幸事了。

明朝的沈周在《白山茶》中，就流露了深深的眷恋之情：

犀甲凌寒碧叶重，玉杯擎处露华浓。

何当借寿长春酒，只恐茶仙未肯容。

小寒三候：雉始雊

又五日，已近四九，雉鸟也开始鸣叫了。古人以为，雉乃火畜，因为感受到阳气生长而后有声。

雉，野鸡是也，羽毛五彩艳丽，长尾。

与此相衬的古诗，当属元稹的《咏廿四气诗·小寒十二月节》，最具代表性。全诗如下：

小寒连大吕，欢鹊垒新巢。

拾食寻河曲，衔柴绕树梢。

霜鹰近北首，雊雉隐聚茅。

莫怪严凝切，春冬正月交。

开首句，指的是十二律中与农历十二月相对应的大吕律，因为小寒是十二月交节，所以会有，“小寒连大吕”的说法。

其后，“欢鹊垒新巢”“霜鹰近北首”“雊雉隐聚茅”三句，都是小寒节气候应现象。特别是其三提到的“雊雉”，指的就是指此时的野鸡鸣叫声。

作为小寒第三候的花信风，水仙也应时而开了。

吟咏水仙的诗词有许多，在此挑选两首以供欣赏。

其一：宋代姜特立的《水仙花》：

六出玉盘金屈后，青瑶丛里出花枝。
清香自信高群品，故与红梅相并时。

其二，黄庭坚的《王充道送水仙五十枝》：

凌波仙子生尘袜，水上轻盈步微月。
是谁招此断肠魂，种作寒花寄愁绝。
含香体素欲倾城，山矾是弟梅是兄。
坐对真成被花恼，出门一笑大江横。

水仙花历来被文人墨客赋予了清香与纯洁的品质，上面两首亦是没有脱俗。

其实，一个人无论是自身品格如此还是交友如斯，当是值得敬重与欢喜的事情。

你看黄庭坚，恼花亦是爱花。出门一看，大江横亘、波澜壮阔。忽然醒悟，于是大笑成诗。

2. 折花逢驿使，寄与陇头人——习俗

折花逢驿使，寄与陇头人。
江南无所有，聊赠一枝春。

这首《赠范晔诗》是南北朝时的诗人陆凯所写，当时，他与范晔友情深厚，然而两人相望：一个在江南水乡之地，一个远在四季分明的陕西。你看诗中所语“寄与陇头人”，指的便是今陕西陇县西北。

江南温暖，春意早现，当远在北方的陇头尚天寒地冻、一派肃杀的时候，江南已经是梅花朵朵待春来的景致了。恰巧，驿站使者不期而至，喜出望外！诗人便想烦劳使者带走一片心意转交好友。

想来想去，江南无所有，最好的礼物便是此时蓬勃绽放的梅花了。于是，陆凯折了一枝最热闹的春意，交与了信使。

“一枝春”，就是指梅花，古人爱用梅花喻春。

梅花傲冬，品性高洁。小寒交节之后，梅花渐次盛开，或鲜艳似女儿唇上的胭脂，或洁白如玉欺霜赛雪，或是一树温婉的黄腊梅，人们纷纷走出户外踏雪寻梅，只为一睹梅花的风采。

说起踏雪寻梅，其实与唐代诗人孟浩然有关。

孟浩然酷爱梅花，常在风雪之中骑着一头瘦驴来往于灞桥上。曾经有人问他何意，答曰：“寻梅，吾诗思在灞桥风雪中驴背上。”

后来，人们发现他从雪地走过的脚印，都酷似一丛丛的梅花，可见爱梅如痴似狂。后人因此送了一首打油诗与他：

数九寒天雪花飘，
大雪纷飞似鹅毛。
浩然不辞风霜苦，
踏雪寻梅乐逍遥。

这首诗佚名，年代作者均不详，此处借来一用，向原作者表示感谢。

因为踏雪寻梅之举，孟浩然和他的梅花从此成为盛行文坛千年的雅事。

有与此相关的木雕、诗画，也有人研究他当时所戴的头巾风帽，更有人冥想作文之际，用孟浩然此举比拟。

据宋朝孙光宪《北梦琐言》卷七记载：曾有人问唐昭宗年间宰相郑綮："相国近有新诗否？"郑綮回答："诗思在灞桥风雪中驴子上，此处何以得之？"

此中风雅清苦，由此可见一斑。

古人赏梅讲究得很，据宋代《梅谱》记载须有二十六宜，曰："澹阴、晓日、薄雪、细雨、轻烟、佳月、夕阳、微雪、晚霞、珍禽、孤鹤、清溪、小桥、竹边、为松下、明牕、疏篱、苍崖、绿苔、铜瓶、纸帐、林间吹笛、膝上横琴、石枰下棋、扫雪煎茶、美人澹妆篸戴。"

如此体贴入微，梅花若是有知，也会动容。只是大俗人贾宝玉且不管那许多，只管兴冲冲找槛外人妙玉乞红梅去了：

酒未开樽句未裁，寻春问腊到蓬莱。
不求大士瓶中露，为乞嫦娥槛外梅。
入世冷挑红雪去，离尘香割紫云来。
槎枒谁惜诗肩瘦，衣上犹沾佛院苔。

如此诚心，曹公虽然没有明说，我想那妙玉定是折了上好的红梅与他。你看，《红楼梦》第四十一回，宝黛钗三人在栊翠庵小坐，妙玉巴巴儿地拿出五年前存下的梅花雪与他们烹茶品尝，可见交情匪浅。

此情此景却是应了上面所言，"扫雪煎茶、美人澹妆篸戴"，真是清雅得紧。

冰嬉

�冲锡宴有余闲，琼岛韶光暖镜间。
尚可翠鸾轻舵试，徐过玉蝀一桥弯。

冻酥岸觉看波漾，春到物知听雁还。

今日悦心真恰当，窗凭积素慰开颜。

这是清朝乾隆皇帝所写《坐冰床至悦心殿》一诗，在飞雪连天、滴水成冰的北方冬天，多种多样的冰上运动可以说流行了上千年，方兴未艾。

这项运动最早可以追溯到唐朝，当时回鹘突厥这些北方少数民族出于狩猎的需要，便将木板固定在两脚上，行动时“屈木支腋，蹴则百步”，他们就靠着这项技术，在严冬时往来于坚冰之上，迅疾如飞。当时，人们将其称之为木马。

到了宋朝，冰上运动渐渐演变为娱乐性质，称之为冰嬉，仅限与皇族中人在御苑游玩。

真正将其发扬光大的是清朝，据《清语摘抄·靰鞡滑子注》记载：努尔哈赤在早期兼并满族各部落时，曾经成功运用一支冰上军事力量，夜行七百里，攻克了巴尔虎特部。

也许因为这个原因，清朝建立后，冰上运动成为八旗军操练项目之一，还有设立的专门管理部门，颇为隆重。

像早起的冰上翻杠子、飞叉、要刀、射箭等，带有强烈的军事意味；随着国家的稳定与发展，渐渐演变为娱乐性占主要的花式运动，如“哪吒闹海、金鸡独立、蜻蜓点水、紫燕穿波、凤凰展翅”等，寓教于乐。

像上述诗中提到的冰床，如果在明代，则是很简陋的“以木作平板，上加交床或藁荐，一人在前引绳，可拉二三人，行冰上如飞，积雪残云，点缀如画”。但是贵为皇帝，肯定要奢华一些，那是“黄缎为幄，如轿式然。以八人推挽之，罽帱貂座”。

那么，皇帝如此兴师动众做什么呢？是一件顶重要的事情，大阅冰鞋。

前面说过，清朝建立时，八旗军必须接受专门的冰上训练。这支队伍就叫作八旗冰鞋营，并且每年冬至到三九接受皇帝的检阅，称为“大阅冰鞋”，地点在御苑三海。

历代清朝皇帝极其重视这项活动，特别是乾隆皇帝，又是检阅，又是写诗作赋：

陆行之疾者，吾知其为马。水行之疾者，吾知其为舟、为魚。云行之疾者，吾知其为鲲鹏雕鹗。至于冰，则向之族莫不躄躠胶滞滑擦而莫能施其技。国俗有冰嬉者，护膝以芾，牢鞋以韦。或底含双齿，使啮凌而人不踣焉，或荐铁如刀，使践冰而步逾疾焉，较《东坡志林》所称更为轻利便疾。惜自古无赋者，故赋之。

确如乾隆所言，古今无人为冰嬉作赋，但是他认为其中的重要性不亚于陆地骏马、水中舟鱼、天上鲲鹏。在冷兵器时代，如此迅疾的冰上军事如同一支奇兵，可以在敌人猝不及防的情况下插入他们的心脏。

所以，身为具有相当军事素养的帝王，将其奉到了国俗的地位。而赋中详细介绍的冰鞋，和现在的滑冰鞋相比，不相上下。

因为身体力行的原因，冰嬉也成为了北京民间一项时髦的冬季习俗。即便是待字闺中的姑娘，也会约上三两好友，一起坐了冰槎、冰床出门办事，乃至游玩。

真是不亦乐乎！

此时的冰嬉胜地，当在东北大城小巷，或者跑冰，或者滑雪，或者看冰灯、或者冬泳……令人神往。

尝美食

俗话说，“小寒大寒，冷成冰团”，此时正是人们进食滋补的好时候，像山西、河南、河北、陕西、内蒙古、东北等地有吃羊肉滋补的传统。

在呵气成雾的清晨，喝上一碗热腾腾的羊肉汤，再搭上一块饼，直吃得是满口生津，浑身冒汗，一天都有精气神。

进了农历十二月，正是吃腊味的好时候。四川等地是早早备好了腊肉香肠，一家人围桌大快朵颐；山西则是腊月初五吃“五豆”——材料是红豆、花生、红薯、核桃、柿饼碎，还有本地产的黄糯米、白糖熬煮而成，类似于八宝饭。

为了保证口感粘糯软烂，勤劳的主妇们提前就将红豆、花生、核桃以及黄糯米泡好，待到初四晚上睡觉，便将锅早早坐火上了。

那一晚，妇人们自然是一个无眠的夜，半夜里不知要起来几次查看状况。待到凌晨三点多，厨房里便是氤氲一片，模糊的身影里，那是妇人们劳碌的身影——这时就可放入柿饼碎和白糖了，早了会有涩味。

如此大费周章地熬煮一锅粥，那滋味怎么会不美？难怪会说，这糯米饭必须是“五豆”，而且当天的才好吃。

火，是原始的煤球火；锅，是家里蒸馒头的大锅。

我一直都怀疑，“五豆”应当是“捂豆”。你看，豆子没五样，但是那糯米、豆子等材料却早早在锅里捂着、泡着，再加上慢火细炖，一点点将粮食本身的香味提炼了出来。

民间百姓想出的“捂”字，当是神来之笔，不但道出了制作的关键所在，也应了腊月初五的景。

说道着，腊月初八就来了。这一天，估计有很多地方有吃腊八粥的习俗。

腊八，有很多地方叫作八宝粥，但是山西、江苏南京等地是熬菜饭。基本上各地就地取材，江苏的菜饭是青菜、咸肉片、鸭子丁，再加入生姜碎除腥，和糯米一起熬煮；山西则是萝卜干、豆角干、炒熟的花生碎、豆瓣，再有面段、黄米一起熬煮。

所谓一方水土养一方人，南北作物不同，意思相近，滋味各有千秋。

第六节　大寒

1. 一年时尽大寒来，鸡始乳兮如乳孩——候应

一年时尽大寒来，鸡始乳兮如乳孩；
征鸟当权飞厉疾，泽腹弥坚冻不开。

大寒是二十四节气中的最后一个节气，所以七十二候歌会有“一年时尽大寒来”的说法。它的交节时间，若是按照农历则在十二月中，若是按公历则是每年 1 月 20 日前后，此时太阳到达黄经 300 度。

大寒，按照《月令七十二候集解》的记载可以参照小寒，意思是月初寒意尚小，月中则大，因此叫大寒；《授时通考·天时》引《三礼义宗》又有了深一层含义：“寒气之逆极，故谓大寒。”

此时天气冷到极点，我国大部分地区呈现大风降温，积雪不化，天寒地冻的景象。这样的天气状况，萧红在《呼兰河传》中的描写可谓入木三分：

严冬一封锁了大地的时候，则大地满地裂着口。从南到北，从东到西，几尺长的，一丈长的，还有好几丈长的，它们毫无方向地，便随时随地，只要严冬一到，大地就裂开口了。严寒把大地冻裂了。年老的人，一进屋用扫帚扫着胡子上的冰溜，一面说：“今天好冷啊！地冻裂了。”赶车的车夫，顶着三星，挥着大鞭子走了六七十里，天刚一蒙亮，进了大车店，第一句话就向客栈掌柜的说：“好厉害的天啊！小刀子一样。”

等进了栈房，摘下狗皮帽子来，抽一袋烟之后，伸手去拿热馒头的时

候，那伸出来的手在手背上有无数的裂口。人的手被冻裂了。

呼兰河地处东北，那里的严寒天气相对来说比较极端，但是白居易笔下的陕西渭南，那里的大寒时节也并不好过多少。

你看白居易的《村居苦寒》一诗：

八年十二月，五日雪纷纷。
竹柏皆冻死，况彼无衣民。
回观村闾间，十室八九贫。
北风利如剑，布絮不蔽身。
唯烧蒿棘火，愁坐夜待晨。
乃知大寒岁，农者尤苦辛。
顾我当此日，草堂深掩门。
褐裘覆絁被，坐卧有余温。
幸免饥冻苦，又无垄亩勤。
念彼深可愧，自问是何人。

写这首诗的背景：诗人在唐宪宗元和六年，因为母亲去世回到老家下邽渭村（今陕西渭南县境）居丧；在此期间，他有机会接触到下层农民的真实生活，因而忧心不已。

开篇第一句“八年十二月”，指的是唐宪宗元和八年冬十二月，第二句“五日雪纷纷”说明了当时恶劣的天气情况。诗人忍不住疾呼，“竹柏皆冻死，况彼无衣民”！

接着他用忧愤的笔调写下，北风呼啸如同刀剑相逼、村居十户有八九皆贫，且无布絮可以遮身、唯有焚烧蒿棘度过漫漫长夜的窘状。

诗人深深感悟到，“乃知大寒岁，农者尤苦辛”。他甚至为自己有草屋可以避寒、衣被可以温暖感到羞愧不已，因此发出了“自问是何人”的喟叹。

此乃白乐天有心，出现这样的情况和唐朝中后期国力衰退，屡有烽烟，内外交困相关。从某种方面讲，家有薄田可躬耕亦是好事；只要熬过了苦寒天气，渐渐就是春风化暖冰雪消了。到那时，被大雪覆盖的麦苗将会返青，焕发生机，欣欣向荣。

在这块古老的土地上劳作了数千年的人们，根据经验将大寒分为了三候。

大寒初候：鸡乳育也

《月令七十二候集解》记载：“鸡，水畜也，得阳气而卵育，故云乳。马氏曰，鸡，木畜丽于阳而有形，故乳在立春节也。”其中的意思是说，大寒时节阳气催动，可以准备孵化小鸡了。

恰好，南宋的汪莘心有所感，写了一首《鸡雏》诗：

负清抱黄圆如弹，昆仑磅礴幽未判。
母鸡春日宿鸡栖，躬抱乾坤入烹煅。
翼之腹之气自蒸，有时踏转令交贯。
朦朦如因当昼中，惺惺无眠过夜半。
食时莫怪唤不应，凝然有在应难唤。
君不见阴阳气足有超越，恍惚惚恍生神观。
数声隔卵闻淳音，一点悬胎脱幽赞。
母鸡惯事徐啄开，可怜毛羽良毵毵。
却思裹许若为活，跧伏性命能低回。
啄粟饮水孰教之，天机自动曾何疑。
三三两两旋母脚，出入南北相追随。
累然多寡企磊落，倏然后先无定著。

乘閒疾数数不得，往来旁午依前错。

闻道轮回少安泊，谪仙那能被法缚。

秋山归来酒新熟，呼童烹鸡色自若。

杀与不杀莫忖度，请君寒江倚山阁。

该诗将母鸡抱窝，孵化鸡雏的过程细致入微进行了描写。通常，母鸡孵化小鸡需要二十一天，在这期间它不吃不喝，全心全意卧在鸡蛋上，将全身的体温均匀传递。所以诗人才会感慨，“食时莫怪唤不应，凝然有在应难唤”。

世间万物有灵，这是怎样伟大的母爱，才能让它不顾一切！好容易，母鸡感受到了腹下小生命的驿动——即便此时卵壳未破，它也知道新的生命即将到来。

当里面的小鸡将蛋壳啄破一个小口子，母鸡就会毫不犹豫地帮助它们降生……之后，带着它成群的孩子们，由东到西，从南到北，教它们觅食饮水。直到一天天长大，母亲的使命才告完成。

诗人写这些，是心怀慈悲的，否则到最后不会故作轻松：“秋山归来酒新熟，呼童烹鸡色自若。杀与不杀莫忖度，请君寒江倚山阁。”

其实有很多的人，他们也和汪莘一样，内心温暖，用独特的方式爱着这些小生灵，爱着这片山水。

譬如古语所云：“劝君莫食三月鲫，万千鱼仔在腹中。劝君莫打三春鸟，子在巢中待母归……”

诸如此类，手下留情之举令人喟叹。

当此时节，大寒第一候的花信风，瑞香花迎风绽放，香气袅袅。

瑞香之名，出自于北宋初陶穀编撰的《清异录》，上面写道：“庐山瑞香花，始缘一比丘，昼寝磐石上，梦中闻花香酷烈，及觉求得之，因名睡香。四方奇之，谓为花中祥瑞，遂名瑞香。”

大寒二候：征鸟厉疾

由于天气苦寒，鹰隼之类的猛禽为了补充能量与之相抗衡，此时它们的捕食能力非常强悍，行动猛厉迅疾。

其英姿，非杜甫的《画鹰》不能比拟：

素练风霜起，苍鹰画作殊。
扨身思狡兔，侧目似愁胡。
绦镟光堪摘，轩楹势可呼。
何当击凡鸟，毛血洒平芜。

不知为何，看了这诗我竟然被震撼了，只觉气势迫人。开篇一句“素练风霜起”，便挟风带势而来；它那耸身之态、侧目之仪，都让人心惊！

一旦被它锁定目标，即便狡兔，只怕也无法摆脱“毛血洒平芜”的命运了。

可叹，鹰隼之凶猛、凡鸟之无奈，不由洒一抔同情之泪！

当此风刀霜剑，寒意迫人之际，素有花中君子之称的兰花，悄然开放了。恰如《孔子家语》所云：“气若兰兮长不改，心若兰兮终不移。”

大寒三候：水泽腹坚

出现这样的情况，已经进入年末最后五日了。犹如黎明前的黑暗一般，此时水中的冰冻到了中央深处，且坚冰最强硬、最厚实。

《集解》认为，这是因为“阳气未达，东风未至”的缘故，因此水泽正结而又坚。水泽腹坚，“上下皆凝，故云腹坚，腹犹内也”。

此时状况，当如李白的《行路难·其一》：

金樽清酒斗十千，玉盘珍馐直万钱。

停杯投箸不能食，拔剑四顾心茫然。

欲渡黄河冰塞川，将登太行雪满山。

闲来垂钓碧溪上，忽复乘舟梦日边。

行路难！行路难！多歧路，今安在？

长风破浪会有时，直挂云帆济沧海。

李白写此诗句，当是人生最为失意之时，即便眼前有金樽美酒也难以下咽。任凭是谁，逢着“欲渡黄河冰塞川，将登太行雪满山”的绝境，也是拔剑四顾，寝食难安。

诗人的心，如同此诗一波三折。先是心绪茫然，然后以周之姜尚、商之伊尹不得志时的经历自勉；紧接着又是黯然，连连悲叹，行路难！行路难！

即便到末了，有着“长风破浪会有时，直挂云帆济沧海”的豪情万丈，内心也是愁肠百转。

相比之下，唐朝的麹信陵所写《过真律师旧院》却是非常豁达：

寂然秋院闭秋光，过客闲来礼影堂。

坚冰销尽还成水，本自无形何足伤。

是呀，冰的本质是水，无论此时怎样顽固，待到春风到来之际，定是冰消雪化，何必陷于悲伤的泥沼，自哀自伤？

春夏秋冬，四季轮回，是最自然不过的事情。我们要怀着一颗平和的心，坦然对待生命中的每一个过程，笑看花开花落，日月东升西坠。

人生不会是永远的春风得意，也不会是绝对的坚冰不化。有些事情，看开了就好。

作为二十四番花信风的最后一位，山矾花终于露出了笑脸。

山矾其名，说来与黄庭坚很有缘分。据他在《山矾花二首》所序：“江湖南野中，有一小白花，木高数尺，春开极香，野人号为郑花。王荆公尝欲求此花栽，欲作诗而漏其名，予请名山矾。野人采郑花以染黄，不借矾而成色，故名山矾。”

序中的王荆公，指的是王安石。王荆公有心求花，却漏其名，可谓无缘；黄鲁直（黄庭坚，字鲁直）潇潇洒洒，只取“野人采郑花以染黄，不借矾而成色”之意，便成就了山矾美名。

既然如此，我们趁势欣赏鲁直大作，《戏咏高节亭边山矾花二首》。

其一：

北岭山矾取意开，轻风正用此时来。
平生习气难料理，爱著幽香未拟回。

其二：

高节亭边竹已空，山矾独自倚春风。
二三名士开颜笑，把断花光水不通。

人与人，人与物，果然是讲究缘分的。山矾有知，定然化身翩翩佳公子，酬谢那黄鲁直一番；二人且饮一壶好酒，以天地为庐，日月为烛，吟风诵月畅谈古今，自是佳事一桩。

2. 年关催人诸事忙，乞儿结伴扮灶王——习俗

大寒交节，正是农历新年将近之时，在民间百姓心目中，它的意义远远大于公历元旦。每逢年末，家家户户都忙得不可开交，俗称过年关。

恰如清朝时期一首佚名诗所言：

年关催人诸事忙，乞儿结伴扮灶王。

敲竹歌嗓门前舞，赏钱好言禀玉皇。

年关虽然诸事繁忙，但是第一登场的可不是灶王，而是土地神。

腊月十六，是人们为土地神做尾牙的日子。

古人常说，皇天后土。他们分别代表天地神祇，天公地道，主持正义。后土，据古籍记载，乃是共工氏之子句芒。到了后来，渐渐发展到各地都有了专职的土地神。

祭祀土地神，人们称为做牙。一年分别祭祀两次，农历二月二为“头牙”；腊月十六，叫作“尾牙”。

无论是头牙，还是尾牙，润饼和刈包是必不可少的。

润饼，其实就是春卷，薄薄的一张面皮，里边包裹着各色蔬菜、粉丝、肉丝、豆腐等拌成的馅料。刈包，也叫割包，外形便是敞开口的发面饼，夹着精心制作的五花肉、小黄瓜、苜蓿芽、芫荽等，裹在一起吃；也可以五花肉搭配雪菜等物，真是别有一番风味。

人们在祭祀神祇的同时，也丰富了自己的胃。直到今天，人们私下里还将聚餐称之为打牙祭。

关于尾牙，另外还有一个顶重要的说法。古人将活跃于买卖双方的中介，称为牙行、牙商、牙郎等，他们在其中交发挥“评物价”“通商贾”的作用。

到了宋朝，还有官牙和私牙之分，官牙还要为政府代收商税等。明清时期，官方还要求经营牙行者必须家境殷实，拥有相当数量的资产，如此，才会为他们派发营业执照和账簿。清朝甚至更为严格一些，除了资金上的要求，还有他们联保甘结，这应该是对这一行业信誉的要求。

如此种种，相当于今天的经纪公司以及商贸货栈等行业的前身了。

不管怎么说，一过腊月十五，一年的工作就接近尾声了。现在的公司老板也不忘传统，往往会在腊月十六请员工们聚餐，以示对大家一年辛苦工作的慰劳。

若是换个时髦的词，就是很多人熟悉的公司年会——或许他们会选择相邻的日子，但是意思不变。

据说，在这种场合下，白斩鸡是保留节目：若是鸡头朝着哪位员工，就暗喻着老板开年没有打算继续雇佣。所以，为了让大家吃个尽兴，细心的老板会吩咐服务员将鸡头朝着自己。

腊月十八祭祀太上老君

山西有腊月十八祭祀太上老君的民俗传统。

太上老君，就是我国道教创始人老子，姓李名耳，又名老聃。老子讲究清静无为，著有《道德经》一部，他的哲学思想，直到今天依然影响着世界。

老子故里河南鹿邑县现有老子雕像，碑座上刻有“天下第一”四个大字；另外还有“一片碧波飞白鹭，万顷紫气下青牛”，默默叙说着老子骑青牛西出函谷关的故事。

相传函谷关守吏尹喜对道学有点研究。一日，他看见有紫气自东方而来，不由心中大喜，认定必有真人过关。老子到来之后，他用自己的诚心、外加职权，强留老子在关隘多待了些日子。在这样的背景下，《道德经》横空出世。

或许，这便是缘。冥冥之中，上苍用这种奇特的方式，促使老子将其一生的瑰宝留给了后人：

道，可道也，非恒道也；名，可名也，非恒名也。
无名，万物之始也；有名，万物之母也。
故常恒无欲也，以观其妙；恒有欲也，以观其所徼。
两者同出，异名同谓，玄之又玄，众妙之门。

老子西出函谷关的故事，或许有点奇妙，有点玄幻，可是我想，此乃上苍爱其才也。

也许，正是出于对老子的敬畏，自古以来，山西的人们在腊月十六虔诚为其祭祀。

这一天，人们纷纷准备了肉、鞭炮等祭祀物品，到老君像前祈祷，感谢他一年的庇佑、祈求来年的护佑。

从零点开始，但见香烟袅袅，火烛摇曳，鞭炮声不绝于耳。正如《封神演义》中的神话传说：

混元初判道为尊，炼就乾坤清浊分。
太极两仪生四象，如今还在掌中存。
鸿蒙剖破玄黄景，又在人间治五行。
度得轩辕升白昼，函关施法道常明。
骑牛远远过前村，短笛仙音隔朦胧。
辟地开天为教主，炉中炼出锦乾坤。
不二门中法更玄，汞铅相见结胎仙。
未离母腹头先白，才到神霄气已全。
室内炼丹搀戊己，炉中有药夺先天。
生成八景宫中客，不计人间几万年。
玄黄外兮拜名师，混沌时兮任我为，
五行兮在吾掌握，大道兮度进群迷。
清净时兮修金塔，闲游兮曾出西关。
两手包罗天地外，腹安五岳共须弥。
先天而老后天生，借李成形得姓名。
曾拜鸿钧修道德，方知一气化三清。

祭灶过小年

到了腊月二十三，就该祭灶过小年了。据说，灶王爷会在这一天上天，向玉皇大帝禀告在人间一年的见闻，一旦被告，上天就会降下惩罚。

为了讨个吉利，人们在祭祀灶王爷的神像上，左右张贴“上天言好事，下界保平安”的配联。祭祀品是又甜又黏的糖瓜，或者麻糖：如此有两重好处——其一，吃了人间的甜食嘴短，不好意思说坏话；其二，即便是想要告状，灶王爷的嘴也让糖粘住了，张不开口。

另外，还要给灶王爷剪或者画上两匹马当坐骑以及马在路上吃的草料。如此还不算，还要准备一些零食打点灶君的下属——正所谓，阎王好见，小鬼难缠！

如此用心良苦，也是世俗的可爱！

鲁迅写了一首《庚子送灶即事》：

只鸡胶牙糖，典衣供瓣香。
家中无长物，岂独少黄羊。

看来，大家对灶君是敬畏有加，尽家中所有以表虔诚。无论如何，用来粘牙的糖是万万少不得的。

祭灶的时间，过去有“官三、民四、船五”的说法。意思是，有功名在身的人家，在腊月二十三；普通百姓人家则是腊月二十四；而水上船家则是腊月二十五。

在河南、河北、山西、陕西等北方地区，因为接近中原，受官方影响较大，这里的人们都是在腊月二十三过小年；南方的人们无此思想，喜欢在二十四祭灶，而鄱阳湖等靠水民居，沿袭了船家二十五过小年的习惯。

你看南宋范成大，这位苏州人士怎样祭灶：

古傅腊月二十四，灶君朝天欲言事。
云车风马小留连，家有杯盘丰典祀。
猪头烂热双鱼鲜，豆沙甘松粉饵团。
男儿酌献女儿避，酹酒烧钱灶君喜。
婢子斗争君莫闻，猫犬角秽君莫嗔；
送君醉饱登天门，杓长杓短勿复云，
乞取利市归来分。

开篇就点明了祭灶的时间，“古傅腊月二十四”。之后，灶君上天言事的习俗，南北皆同。

显然诗人家境不错，祭品丰盛，不但准备了肥猪鲜鱼，豆沙甘松做的粉饵，而且还有美酒金钱讨取灶神开心。

可惜呀，一句话暴露了天机，“送君醉饱登天门，杓长杓短勿复云”。

果然是吃了人的嘴短！

范成大却也直白：麻烦您上天多说点好话吧，讨一些“利市”回来，少不得好处。

相比之下，北宋初两朝宰相吕蒙正的《祭灶诗》，就清正耿直了许多：

一碗清汤诗一篇，灶君今日上青天；
玉皇若问人间事，乱世文章不值钱。

其实，不管人们赋予了几多心事，灶君还是那个灶君，并没有想象中的世俗油腻。

诸神上天，百无禁忌

过罢小年，人们认为诸神上天，百无禁忌。在此期间，娶媳妇、嫁闺女就不必像平时一样则黄道吉日，如果两情相投，随便哪一天都可以婚配，谓之赶乱婚。

在北方地区，赶着年前结婚的人家非常多，每天都是喜气洋洋，唢呐声声。

随着新年的脚步一天天临近，人们忙着全家大清洗：房间的彻底打扫，窗帘、床单、被罩等所有针织物品大洗涤；大人、孩子从头到脚，剪头发、买新衣，里外一新。

现代的人们相对省事，若是从前，家家户户还要忙着蒸枣糕、捏面娃、剪窗花、写对联、买年画，等等。

总之，人们力求以崭新的面貌迎接新年的到来。

除夕

等到腊月三十除夕的夜晚，年关诸事基本就绪，人们就该请神，迎接灶王爷回家了。

除夕，也叫岁除。当如白居易在《三年除夜》诗中所写：

晰晰燎火光，氲氲腊酒香。
嗤嗤童稚戏，迢迢岁夜长。
堂上书帐前，长幼合成行。
以我年最长，次第来称觞。
七十期渐近，万缘心已忘。
不唯少欢乐，兼亦无悲伤。
素屏应居士，青衣侍孟光。
夫妻老相对，各坐一绳床。

除夕的夜晚，诗人合家团聚，共享天伦之乐。当时，他已年近七十，儿孙满堂。恰如诗中所说，“嗤嗤童稚戏”“长幼合成行”。

值此良宵佳节，全家人在氤氲的腊酒香中共同守岁。只是诗人年老，有点体力不支，便和老妻早早上床安歇了。

素屏居士是诗人的自称，他在诗中用历史上著名贤妻孟光，来比喻妻子的简朴坚贞，以及二人相敬如宾的感情。

古人云，七十而知天命。此前种种所谓的缘分，皆如浮云散去。他明白，能够执子之手，与子偕老的，唯有面前的老妻而已。

他亦知道，待得爆竹声响，新岁来临；全家老幼，将次第前来道贺拜年。

能够这样相守一生，岁月静好，无疑是幸福的。

过了除夕，新的一年就要开始了。待到那时，春风送暖，万象更新。年年如此，岁岁相似。

附：

二十四节气歌

春雨惊春清谷天，夏满芒夏暑相连。
秋处露秋寒霜降，冬雪雪冬小大寒。
每月两节不变更，最多相差一两天。
上半年来六廿一，下半年是八廿三。
每月两节日期定，最多不差一二天。

七十二候歌

［明］龚廷贤

立春正月春气动，东风能解凝寒冻；
土底蛰虫始振摇，鱼陟负冰相戏泳；
半月交得雨水后，獭祭鱼时随应候；
候雁时催归北乡，那堪草木萌芽透。
惊蛰二月节气浮，桃始开花放树头；
鸧鹒鸣动无休歇，崔得胡鹰化作鸠；
春色平分纔一半，向时玄鸟重相见；
雷乃发声天际头，闪闪云开始见电。
芳菲三月报清明，梧桐枝上始含英；
田鼠化鴑人不觉，虹桥始见雨初晴；
三月中时交谷雨，萍始生遍闲洲渚；
鸣鸠自拂其羽毛，戴胜降于桑树隅。

立夏四月始相争，知他蝼蝈为谁鸣；
无端坵蚓纵横出，有意王瓜取次生；
小满瞬时更叠至，闲寻苦菜争荣处；
靡草千村死欲枯，微看初暄麦秋至；
芒种一番新换豆，不谓螳螂生如许；
鵙者鸣时声不休，反舌无声没半语。
夏至纔交阴始生，鹿乃解角养新茸；
阴阴蜩始鸣长日，细细田间半夏生；
小暑乍来浑未觉，温风时至褰帘幙；
蟋蟀纔居屋壁诸，天崖又见鹰始挚。
大暑虽炎犹自好，且看腐草为萤秒；
匀匀土润散溽蒸，大雨时行苏枯槁。
大火西流又立秋，凉风至透内房幽；
一庭白露微微降，几个寒蝉鸣树头；
一瞬中间处暑至，鹰乃祭鸟谁教汝；
天地属金始肃清，禾乃登堂收几许；
无可奈何白露秋，大鸿小雁来南洲；
旧时玄鸟都归去，教令诸禽各养羞。
自入秋分八月中，雷始收声敛震宫；
蛰虫坏户先为御，水始涸兮势向东；
寒露人言晚节佳，鸿雁来宾时不差；
雀入大水化为蛤，争看篱菊有黄花；
休言霜降非天意，豺乃祭兽班时意；
草木皆黄落叶天，蛰虫咸俯迎寒气；
谁看书来立冬信，水始成冰寒日进；
地始冻兮折裂开，雉入大水潜为蜃；

逡巡小雪年华暮，虹藏不见知何处；
天升地降两不交，闭塞成冬如禁锢；
纷飞大雪转凄迷，鹖旦不鸣马肯啼；
虎始交后风生壑，荔挺出时霜满溪。
短日渐长冬至矣，蚯蚓结泉更不起；
渐渐林间麋角解，水泉摇动温井底；
去岁小寒今岁又，雁声北乡春去旧；
鹊寻枝上始为巢，雉入寒烟时一雊。
一年时尽大寒来，鸡始乳兮如乳孩；
征鸟当权飞厉疾，泽腹弥坚冻不开；
五朝一候如麟次，一岁从头七十二；
达人观此发天机，多少乾坤无限事。

二十四番花信风

从小寒到谷雨，四个月八个节气二十四候，在这期间每候应花期而来的风，共二十四番花信风。

小寒：一候梅花、二候山茶、三候水仙；
大寒：一候瑞香、二候兰花、三候山矾；
立春：一候迎春、二候樱桃、三候望春；
雨水：一候菜花、二候杏花、三候李花；
惊蛰：一候桃花、二候棠梨、三候蔷薇；
春分：一候海棠、二候梨花、三候木兰；
清明：一候桐花、二候麦花、三候柳花；
谷雨：一候牡丹、二候酴醾、三候楝花。